建设美丽中国

的长三角地区危险废物处理途径探索

beautiful

China

Exploration of Comprehensive Management
Approaches for Hazardous Waste
in the Yangtze River Delta Region
during the Process of Building a Beautiful China

张洪玲　蒋欣　左武　崔灵丰　著

河海大学出版社
HOHAI UNIVERSITY PRESS

图书在版编目(CIP)数据

建设美丽中国进程中的长三角地区危险废物综合管理途径探索 / 张洪玲等著. -- 南京：河海大学出版社，2025.4. -- ISBN 978-7-5630-9713-5
Ⅰ.X327

中国国家版本馆CIP数据核字第2025LR6413号

书　　名	建设美丽中国进程中的长三角地区危险废物综合管理途径探索
	JIANSHE MEILI ZHONGGUO JINCHENG ZHONG DE CHANGSANJIAO DIQU WEIXIAN FEIWU ZONGHE GUANLI TUJING TANSUO
书　　号	ISBN 978-7-5630-9713-5
责任编辑	卢蓓蓓
特约编辑	戴艳君
特约校对	李　阳
封面设计	张志奇工作室
出版发行	河海大学出版社
地　　址	南京市西康路1号(邮编:210098)
电　　话	(025)83737852(总编室)　(025)83786934(编辑室)
	(025)83722833(营销部)
经　　销	江苏省新华发行集团有限公司
排　　版	南京布克文化发展有限公司
印　　刷	广东虎彩云印刷有限公司
开　　本	787毫米×960毫米　1/16
印　　张	10.5
字　　数	200千字
版　　次	2025年4月第1版
印　　次	2025年4月第1次印刷
定　　价	78.00元

前言 Preface

习近平总书记在2023年全国生态环境保护大会上提出:"全面推进美丽中国建设,加快推进人与自然和谐共生的现代化"。近年来,全国各地积极开展美丽中国建设实践探索,将实现美丽中国建设目标分解到区域、地方和社会三个层面,分层次推进美丽中国先行区建设行动。在区域层面,以京津冀、长江经济带、粤港澳大湾区、长三角地区、黄河流域5个区域重大战略为重点,突出区域性、整体性协作,推进综合性的美丽中国先行区建设。以开展美丽中国先行区建设为着力点,梯次推进打造美丽中国建设示范样板。

长三角地区是我国经济发展最活跃、开放程度最高、创新能力最强的区域之一,在国家现代化建设大局和全方位开放格局中具有举足轻重的战略地位,肩负着率先实现高质量发展和生态环境根本好转、推进生态环境一体化保护、建设美丽中国先行区的重要使命。

长三角地区是习近平生态文明思想的重要萌发地,"绿水青山就是金山银山"理念深入人心,"千村示范、万村整治"工程谱写美丽中国建设新篇章,新安江流域生态补偿形成可复制可推广经验,国家生态文明建设示范区、生态城市、森林城市、环保模范城市精彩纷呈,"两山"实践创新基地全面推进,生态文化底蕴深厚。长三角地区空气、水、土壤污染联防联治联动机制逐步健全,区域污染防治协作机制不断完善,区域生态文明建设和生态环境保护成效显著,具备建设美丽中国先行区的有利条件。

建设美丽中国,在深入推进蓝天、碧水、净土保卫战的同时,还要不断加强对固体废物的治理。2024年全国生态环境保护工作会议上的工作报告中提到,2023年生态环境保护工作取得积极进展,其中固废治理方面成果显著,主要包括:

"推动113个地级及以上城市和8个特殊地区印发'无废城市'实施方案,各地安排工程项目3 200余个,涉及项目总投资超1万亿元。指导15个省份全域有序推进'无废城市'建设。

印发《危险废物重大工程建设总体实施方案（2023—2025年）》，科学布局建设危险废物"1＋6＋20"重大工程，加快补齐危险废物环境风险防控和处置能力短板。

全面完成危险废物专项整治三年行动。

……推进长江经济带1 136座尾矿库、黄河流域235座尾矿库完成问题整改。

组织开展黄河流域'清废行动'，推动相关省份清理、整治固体废物近3 400万吨，问题整改完成率达99.4％。完成黄河流域历史遗留矿山污染状况调查现场阶段工作。

……不断提升生态环境执法效能。以'零容忍'态度依法严厉惩处恶意环境违法行为，继续联合最高检、公安部开展'两打'（打击危险废物环境违法犯罪和重点排污单位自动监测数据弄虚作假违法犯罪）专项行动，查处违法案件2 906起，罚款4.71亿元，移送公安涉嫌犯罪案件1 624起。"

危险废物环境管理是生态文明建设和生态环境保护的重要方面，是打好污染防治攻坚战的重要内容，对于改善环境质量、防范环境风险、维护生态环境安全、保障人体健康具有重要意义。在建设美丽中国先行区的过程中，长三角地区需要通过一体化发展实现危险废物区域联防联治，本书将从监管体系建设，处理、处置技术发展及应用，环境风险防范等方面，结合具体试点工作及实践案例，对危险废物综合管理途径进行有益探索。本书在资料收集、整理的过程中得到了沈家明、刘杨、周尤超、吕宜廉、马贵林、方燕、刘浩、武倩、封凯、董光辉、徐学骁、张俊等人的支持，在此致以诚挚感谢。

目录 Contents

制度法规篇

1 危险废物的环境监管体系 …………………………………………… 003
   1.1 管理制度 ……………………………………………………… 003
      1.1.1 关于危险废物的法律法规及政策 ……………………… 011
      1.1.2 危险废物管理相关的标准规范 ………………………… 015
      1.1.3 长三角地区的危险废物处置与管理制度 ……………… 018
   1.2 信息化管理 …………………………………………………… 021
   1.3 司法执法 ……………………………………………………… 026

技术方法篇

2 传统危险废物无害化处置方法 ……………………………………… 033
   2.1 焚烧法 ………………………………………………………… 033
   2.2 填埋法 ………………………………………………………… 042
   2.3 物化法 ………………………………………………………… 044

3 危险废物综合利用技术 ……………………………………………… 050
   3.1 废包装容器综合利用技术 …………………………………… 050
   3.2 废无机酸综合利用技术 ……………………………………… 052
   3.3 废活性炭综合利用技术 ……………………………………… 055
   3.4 稀贵金属综合利用技术 ……………………………………… 057

	3.5	废有机溶剂综合利用技术 …………………………………………… 061
	3.6	废矿物油综合利用技术 ……………………………………………… 066
	3.7	飞灰综合利用技术 …………………………………………………… 068
	3.8	废线路板综合利用技术 ……………………………………………… 070
	3.9	含铜蚀刻废液综合利用技术 ………………………………………… 072

4 环境风险评估与防范 …………………………………………………… 074
4.1 环境风险评估 …………………………………………………………… 074
  4.1.1 环境风险评估方法 ……………………………………………… 075
  4.1.2 环境风险评估程序 ……………………………………………… 080
4.2 环境风险防范 …………………………………………………………… 087
  4.2.1 危险废物分级管理 ……………………………………………… 087
  4.2.2 危险废物的鉴别 ………………………………………………… 091
  4.2.3 危险废物的源头管控 …………………………………………… 094
  4.2.4 危险废物全过程管理风险评估体系 …………………………… 099

实践探索篇

5 无废城市、无废园区 …………………………………………………… 107
5.1 "无废城市" ……………………………………………………………… 107
  5.1.1 "无废城市"建设背景 …………………………………………… 107
  5.1.2 "无废城市"建设中危险废物相关指标和要求 ………………… 108
  5.1.3 "无废城市"建设中的创新与亮点工作 ………………………… 109
5.2 "无废园区" ……………………………………………………………… 110
  5.2.1 "无废园区"建设背景 …………………………………………… 110
  5.2.2 "无废园区"建设中危险废物相关指标和要求 ………………… 111
  5.2.3 "无废园区"建设典型案例 ……………………………………… 115
5.3 园区信息化监管 ………………………………………………………… 123
  5.3.1 固废信息化管理现状 …………………………………………… 123
  5.3.2 信息化管理实施路径探索 ……………………………………… 124
  5.3.3 园区信息化管理案例 …………………………………………… 125

6 新形势下的创新与探索 …… 127
6.1 "点对点"定向利用豁免的试点 …… 127
6.1.1 建设背景 …… 127
6.1.2 进展情况 …… 127
6.1.3 思考与建议 …… 128
6.2 小微企业危废收集试点 …… 131
6.2.1 建设背景 …… 131
6.2.2 进展情况 …… 132
6.2.3 思考和建议 …… 134
6.3 废盐排海探索 …… 136
6.3.1 建设背景 …… 136
6.3.2 探索现状 …… 138
6.3.3 思考与建议 …… 143
6.4 规划筹建区域性危废中心 …… 145
6.4.1 建设背景 …… 145
6.4.2 规划部署 …… 146
6.5 区域统筹、联防联治 …… 147
6.5.1 建设背景 …… 147
6.5.2 进展情况 …… 147
6.5.3 思考与建议 …… 153

参考文献 …… 156

制度法规篇

1 危险废物的环境监管体系

1.1 管理制度

我国现行的危险废物管理体系(表1.1-1)主要是由各种法律、法规、标准等构成的。有关危险废物管理的法律是在《中华人民共和国宪法》和《中华人民共和国环境保护法》的指导下,以《中华人民共和国固体废物污染环境防治法》(表1.1-2)为基本法制定的危险废物相关法律法规及政策和标准规范,同时还有有关地方制定的危险废物管理行政法规、地方标准、规划等。

表1.1-1 我国危险废物的管理结构

管理机构	国家生态环境部固体废物与化学品司,省级和地市级固体废物管理中心
危险废物法律法规	危险废物相关法律法规
	危险废物相关标准规范
	地方制定的危险废物管理行政法规、地方标准、规划等

对于危险废物的管理,我国总体起步较晚,1990年我国签署了《巴塞尔公约》,该公约的准备协商和签署过程实际上也是我国对危险废物管理的认识过程。1994年3月国务院通过了《中国21世纪议程——中国21世纪人口、环境与发展白皮书》,其中第19章中明确提出有害废物处置与管理的目标,即建立起全面的科学的固体废物和有害废物管理机制;开展有害废物管理技术、废物最小量化技术、资源化技术和处理处置示范工程技术研究,建设安全填埋场、焚烧厂等示范工程;提高管理能力,贯彻实施《巴塞尔公约》。

《中华人民共和国固体废物污染环境防治法》(以下简称《固废法》)由第八届全国人民代表大会常务委员会第十六次会议通过,1995年10月30日中华人民共和国主席令第58号公布,并于1996年4月1日起开始实行,在法律层面填补了对固体废物污染控制管理的空白,也是国家第一个从法律层面对危险废物处理行业进行管理的文件,是为防治固体废物污染环境,保障人体健康,维护生态安全,促进经济社会可持续发展而制定的法律。

2004年《固废法》第一次修订,明确国家对固体废物污染环境防治实行污染者依法负责的原则,规定产品的生产者、销售者、进口者、使用者对其产生的固体废物依法承担污染防治责任。2013年、2015年和2016年的三次修正分别对原《固废法》的第四十四条、第二十五条和第五十九条条款进行了具体修改。修订后的《固废法》对危险废物污染环境防治做出了特别规定,覆盖了危险废物各个阶段的管理要求,如:国家危险废物名录的制定,统一的危险废物鉴别标准、鉴别方法和识别标志;规定对危险废物的容器和包装物以及收集、贮存、运输、利用、处置危险废物的设施、场所必须设置危险废物识别标志;规定产生危险废物的单位,必须按照国家有关规定制定危险废物管理计划,并向所在地县级以上地方人民政府环境保护行政主管部门备案;规定产生危险废物的单位,必须按照国家有关规定处置危险废物;规定转移危险废物的,必须按照国家有关规定填写危险废物转移联单,并向危险废物移出地和接受地的县级以上地方人民政府环境保护行政主管部门报告。

2020年4月29日,第十三届全国人大常委会第十七次会议审议通过的第二次修订后的《中华人民共和国固体废物污染环境防治法》(以下简称"新《固废法》"),于2020年9月1日起正式施行。

新《固废法》共9章126条,其中第六章(第七十四条至第九十一条)涉及危险废物管理的相关制度,如鉴别单位管理(第七十五条)、分级分类管理(第七十五条)、处置设施规划(第七十六条)、产生管理要求(第七十八条)、许可管理要求(第八十条)、转移管理要求(第八十二条)、医疗废物管理要求(第九十、九十一条),详见表1.1-2。

新《固废法》新增工业固体废物产生者连带责任规定,实行"谁污染、谁负责""谁产废、谁治理",从源头上减少或避免固体废物非法转移、倾倒事件的发生。增加工业固体废物排污许可、管理台账、资源综合利用评价等制度,规范产废单位的贮存、转移、利用、处置等行为。同时,建立电器电子、铅蓄电池、车用动力电池等产品的生产者责任延伸制度,弥补法律缺失,为开展相关工作提供了上位法依据。

为合理处置重大传染病疫情期间的医疗废物,新《固废法》还增加医疗废物收集、运输和处置的专门规定,保障人民群众生命安全和身体健康。

新《固废法》对违法行为实行严惩重罚,不仅增加处罚种类,而且大幅提高罚款额度,对违法单位的罚金最高可达500万元。违反规定排放固体废物、受到处罚后继续实施违法行为者将按日连续处罚。

制度法规篇

表1.1-2 新《固废法》中涉及危废管理相关管理制度的条款解读

危废相关管理制度		条款及内容	对危险废物利用处置产业的影响
一、危险废物定义相关制度	危险废物定义	第一百二十四条 (六)危险废物，是指列入国家危险废物名录或者根据国家规定的危险废物鉴别标准和鉴别方法认定的具有危险特性的固体废物。 本法中危险废物通常指环境污染风险较大的固体废物，包括： ——《国家危险废物名录》(50大类，470种) ——其他可能具有危险特性，需鉴别的废物	—
	危险废物名录、鉴别和分级分类管理	第七十五条 国务院生态环境主管部门应当会同国务院有关部门制定国家危险废物名录，规定统一的危险废物鉴别标准、鉴别方法和识别标志，并根据国家危险废物鉴别标准、鉴别方法识别危险废物的危害特性和产生数量，科学评估其环境风险，实施分级分类管理，建立信息化监管体系，并通过信息化手段管理、共享危险废物转移数据的信息。 名录应当动态调整。	名录动态调整有利于危险废物种类更符合国内实际，种类增减对产业影响显著；完善鉴别管理制度有利于危险废物管理进一步实现差异化、精细化，面向一企一策的精细化服务需求呼之待发；推行分级分类管理，有利于危险废物管理进一步差异化、精细化，减轻资质依赖，提高服务意识
二、产生源相关制度	管理台账、管理计划和申报	第七十八条第一款 产生危险废物的单位，应当按照国家有关规定制定危险废物管理计划；建立危险废物管理台账，如实记录有关信息，并通过国家危险废物信息管理系统向所在地生态环境主管部门申报危险废物的种类、产生量、流向、贮存、处置等有关资料。	管理台账、管理计划和申报有利于危险废物种类和产生量更符合实际情况
	排污许可	第三十九条 产生工业固体废物的单位应当取得排污许可证。排污许可的具体办法和实施步骤由国务院规定。 第七十八条第三款 产生危险废物的单位已经取得排污许可证的，执行排污许可管理制度的相关规定。	排污许可制度有利于危险废物种类和产生量更符合实际情况，同时有利于自行利用处置活动取得到进一步规范

续表

危废相关管理制度		条款及内容	对危险废物利用处置产业的影响
二、产生源相关制度	清洁生产	第三十八条 产生工业固体废物的单位应当**依法实施清洁生产审核**，合理选择利用原材料、能源和其他资源，采用先进的生产工艺和设备，减少工业固体废物的产生量，降低工业固体废物的危害性	—
	连带责任	第三十七条 产生工业固体废物的单位委托他人运输、利用、处置工业固体废物的，应当对受托方的主体资格和技术能力进行核实，依法签订书面合同，在合同中约定污染防治要求。受托方运输、利用、处置工业固体废物，应当依照有关法律法规的规定和合同约定履行污染防治要求，并将运输、利用、处置情况告知产生工业固体废物的单位。产生工业固体废物的单位违反本条第一款规定的，除依照有关法律法规的规定予以处罚外，还应当与造成环境污染和生态破坏的受托方承担连带责任	连带责任有利于利用处置单位分化发展，同时进一步遏制非法转移倾倒处置活动
三、转移相关制度	转移联单与转移管理办法	第八十二条 转移危险废物的，应当按照国家有关规定填写、运行危险废物**电子或者纸质转移联单**。跨省、自治区、直辖市转移危险废物的，应向危险废物移出地省、自治区、直辖市人民政府生态环境主管部门申请。移出地省、自治区、直辖市人民政府生态环境主管部门应当及时商接受地省、自治区、直辖市人民政府生态环境主管部门同意后，在规定期限内批准转移该危险废物，并将批准转移的信息通报相关省、自治区、直辖市人民政府生态环境主管部门。未经批准的，不得转移。危险废物转移管理应当全程管控、提高效率，具体办法由国务院生态环境主管部门会同国务院交通运输主管部门和公安部门制定	电子转移联单大幅提升了转移效率；转移管理办法使得移出者、运输者、接受者责任更清晰，转移过程监管力度得到进一步强化

续表

危废相关管理制度		条款及内容	对危险废物利用处置产业的影响
	集中处置设施规划和区域合作	第七十六条 省、自治区、直辖市人民政府应当组织有关部门编制危险废物集中处置设施、场所的建设规划,科学评估危险废物集中处置需求,合理布局危险废物集中处置设施、场所,确保本行政区域的危险废物集中处置设施、场所得到妥善处置。编制危险废物集中处置设施、场所规划,应当征求有关行业协会、企业事业单位、专家和公众等方面的意见。相邻省、自治区、直辖市之间可以开展区域合作,统筹建设区域性危险废物集中处置设施、场所	编制集中处置设施规划与开展区域合作,机遇与挑战并存
四、收集利用处置相关制度	许可证制度	第八十条 从事收集、贮存、利用、处置危险废物经营活动的单位,应当按照国家有关规定申请取得许可证。许可证的具体管理办法由国务院制定。禁止无许可证或者未按照许可证规定从事危险废物收集、贮存、利用、处置的经营活动。禁止将危险废物提供或者委托给无许可证的单位或其他生产经营者从事收集、贮存、利用、处置活动。	许可证制度对于规范收集利用处置市场与进一步落实"放管服"起到积极的作用
	综合利用标准要求	第十五条 国务院标准化主管部门应当会同国务院发展改革、工业和信息化、生态环境、农业农村等主管部门,制定固体废物综合利用标准。综合利用固体废物应当遵守生态环境法律法规,符合固体废物污染环境防治技术标准。使用固体废物综合利用产物应当符合国家规定的用途、标准。	综合利用标准要求有利于利用市场的规范

续表

危废相关管理制度		条款及内容	对危险废物利用处置产业的影响
五、严惩重罚	提高罚款上限	危险废物产生企业和利用处置企业相关罚则:一百零二、一百零三、一百零九、一百二十一、一百二十三条。罚款上限由 100 万到 500 万,违法排放,按日连续处罚	震慑违法违规行为,净化市场环境,支持规范企业健康发展
	处罚到人	对法定代表人、主要负责人、直接负责的主管人员和其他责任人员采取: • 财产罚 处十万元以上一百万元以下的罚款(第一百一十四条); 处上一年度从本单位取得的收入百分之五十以下的罚款(第一百二十四条); • 人身罚 处十日以上十五日以下的拘留;情节较轻的,处五日以上十日以下的拘留(第一百一十八条)。	
	行政强制措施	第二十七条 有下列情形之一,生态环境主管部门和其他负有固体废物污染环境防治监督管理职责的部门,可以对违法收集、贮存、运输、利用、处置的固体废物及设施、设备、场所、工具、物品予以查封、扣押: (一)可能造成证据灭失、被隐匿或者非法转移的; (二)造成或者可能造成严重环境污染的	
	其他	由"结果罚"转向"行为罚"; 行政、民事、刑事责任相互衔接; 生态环境损害赔偿制度改革	

续表

危废相关管理制度		条款及内容	对危险废物利用处置产业的影响
六、其他相关制度	医疗废物	第九十条 医疗废物按照国家危险废物名录管理。县级以上地方人民政府应当加强医疗废物集中处置能力建设。 **中央国家机关有关部门生态环境保护责任清单：** 生态环境部：按职责指导做好医疗废物收集、转运、处置过程中的环境污染防治工作。 国家卫生健康委：负责指导和监督医疗废物在医疗机构内的分类、收集、运送、暂存、交接。 交通运输部：指导做好医疗废物运输保障工作。 第九十一条 重大传染病疫情等突发事件发生时，县级以上人民政府应当统筹协调医疗废物等危险废物收集、贮存、运输、处置等工作，保障所需的车辆、场地、处置设施和防护物资，卫生健康、生态环境、环境卫生、交通运输等主管部门应当协同配合，依法履行应急处置职责。	合理处置重大传染病疫情间的医疗废物，对医疗废物收集、运输和处置制定专门规定，保障人民群众生命安全和身体健康
	生产者责任延伸	第六十六条 国家建立电器电子、铅蓄电池、车用动力电池等产品的**生产者责任延伸制度**。 电器电子、铅蓄电池、车用动力电池等产品的生产者应当按照规定以自建或者委托等方式建立与产品销售量相匹配的废旧产品回收体系，并向社会公开、实现有效回收利用。 国家鼓励产品的生产者开展生态设计，促进资源回收利用。	建立生产企业逆向回收体系与豁免管理制度

续表

危废相关管理制度		条款及内容	对危险废物利用处置产业的影响
	生活源危险废物	第四十三条第一款 县级以上地方人民政府应当加快建立分类投放、分类收集、分类运输、分类处理的生活垃圾管理系统，实现生活垃圾分类制度有效覆盖。 第五十条第二款 从生活垃圾中分类并集中收集的有害垃圾，属于危险废物的，应当按照危险废物管理。 第七十三条 各级各类实验室及其设立单位应当加强对实验室产生的固体废物的管理，依法收集、贮存、运输、利用、处置实验室固体废物。实验室固体废物属于危险废物的，应当按照危险废物管理	促进社会源、小微企业危险废物收集体系建设
六、其他相关制度	污染防治责任险	第九十九条 收集、贮存、运输、利用、处置危险废物的单位，应当按照国家有关规定，投保环境污染责任保险	借助经济手段发挥调节作用，促进利用处置企业分级
	信息化管理	①建立全国危险废物等固体废物污染环境防治信息平台（第十六条）； ②建立信息化监管体系，并通过信息化手段管理、共享危险废物转移数据和信息（第七十五条）； ③通过国家危险废物信息管理系统向所在地生态环境主管部门申报危险废物相关信息（第七十八条）； ④运行危险废物电子转移联单（第八十二条）	大幅提高管理效率； 推进"放管服"改革； 市场透明度提升

1.1.1 关于危险废物的法律法规及政策

以《固废法》为基础,与相关行政法规部门规章的标准规范及规范性文件相配套的危险废物污染防治法律法规体系基本形成。表1.1-3列出了国家层面上危险废物管理的相关法律法规及政策。2001年12月由原国家环境保护总局、原国家经济贸易委员会、科学技术部联合发布的《危险废物污染防治技术政策》,提出了危险废物的产生、收集、运输、分类、检测、包装、综合利用、贮存和处置处理等全过程污染防治的技术选择,用以指导相应设施的规划、立项、选址、设计、施工、运营和管理,引导相关产业的发展。该规范在2013年进行了修订并发布了征求意见函,增加了鼓励危险废物优先再利用、开展利用其他废物处理设施或工业窑炉协同处置危险废物的研究和示范等相关内容。2012年原环境保护部、国家发展和改革委员会、工业和信息化部以及原卫生部联合编制了《"十二五"危险废物污染防治规划》,用以统筹推进危险废物焚烧、填埋等集中处置设施建设。该规划鼓励跨区域合作,集中焚烧和填埋危险废物;鼓励大型石油化工等产业基地配套建设危险废物集中处置设施;鼓励用水泥回转窑等工业窑炉协同处置危险废物。

表1.1-3 国家层面危险废物管理的法律法规及政策

序号	名称	文号	备注
1	《中华人民共和国环境保护法》	中华人民共和国主席令第22号	1989年12月26日起实施(2014年4月24日最新修订)
2	《中华人民共和国固体废物污染环境防治法》	中华人民共和国主席令第31号	1996年4月1日起实施(2020年4月29日最新修订)
3	《国家危险废物名录》	环发〔1998〕089号	1998年首次发布实施(2024年11月26日公布2025年版)
4	《危险废物经营许可证管理办法》	中华人民共和国国务院令第408号	2004年7月1日起实施(2016年2月6日最新修订)
5	《危险废物转移管理办法》	生态环境部等部令第23号	2022年1月1日起施行
6	《中华人民共和国环境保护税法实施条例》	中华人民共和国国务院令第693号	2018年1月1日起实施
7	《危险废物污染防治技术政策》	环发〔2001〕199号	2001年12月17日起实施
8	《"十二五"危险废物污染防治规划》	环发〔2012〕123号	2012年10月8日起实施
9	《关于推进危险废物环境管理信息化有关工作的通知》	环办固体函〔2020〕733号	2020年12月31日发布

续表

序号	名称	文号	备注
10	《国务院办公厅关于印发〈强化危险废物监管和利用处置能力改革实施方案〉的通知》	国办函〔2021〕47号	2021年5月11日发布
11	《关于进一步推进危险废物环境管理信息化有关工作的通知》	环办固体函〔2022〕230号	2022年6月17日发布

《国家危险废物名录》(以下简称《名录》)是危险废物环境管理的技术基础和关键依据。《名录》自1998年首次发布实施以来,历经2008年、2016年和2021年3次修订,已经得到逐步完善,对构建我国危险废物鉴别标准体系、防范危险废物环境风险、支撑危险废物环境管理起到积极作用。为落实《固废法》中关于"本名录根据实际情况实行动态调整"等规定,2024年11月生态环境部会同国家发展改革委、公安部、交通运输部和国家卫生健康委修订发布了《国家危险废物名录(2025年版)》。

2025版《名录》修订遵循:坚持问题导向、坚持精准治污、坚持风险管控的总体原则不变。特别注重以下三方面考虑:一是精准及时。通过细化类别等方式,切实保证列入《名录》中危险废物的准确性;同时,及时研究社会反映较为集中的废物,有效响应社会关注热点。二是科学有序。制定了关于《名录》修订研究工作机制和动态修订工作规程,保证修订依据科学、修订过程有序。三是防控风险。根据危险废物的环境风险实行分级分类管理,在风险可控的前提下,实行有条件的豁免管理。

《名录》由正文、附表和附录三部分构成。其中,正文规定原则性要求,附表规定具体危险废物种类、名称和危险特性等,附录规定危险废物豁免管理要求。本次修订对三部分均进行了修改和完善:

正文部分:修改了第六条第二款,完善了鉴别后危险废物的归类管理。

附表部分:本《名录》共计列入470种危险废物,相比2021年版《名录》总共增加了3种。其中,根据危险废物产生工艺和管理实践,整合2种废物代码、拆分1种废物代码;新增4种普遍具有危险特性的锡冶炼废物。此外,修改了个别危险废物的文字表述或危险特性表述,还新增了6条注释。

附录部分:根据危险废物环境风险研究结果和各地环境管理实践,删除了2条豁免规定,新增了1条豁免规定,修改部分危险废物豁免条件表述。

为了加强危险废物收集、贮存和处置经营活动的监督管理,防止危险废物污染环境,在《固废法》的基础上,制定了《危险废物经营许可证管理办法》,于

2004年7月起施行，2013年12月首次修订，2016年2月二次修订。危险废物经营许可证按照经营方式，分为危险废物收集、贮存、处置综合经营许可证和危险废物收集经营许可证。领取前者许可证的单位，可以从事各类别危险废物的收集、贮存、处置经营活动；而领取后者许可证的单位只能从事机动车维修活动中产生的废矿物油和居民日常生活中产生的废镉镍电池的危险废物收集经营活动。对在管理办法中，获得危险废物经营许可证的条件和程序也都进行了详细说明。

在危险废物的转移方面，为了加强对其有效监督，国家在1999年出台了《危险废物转移联单管理办法》（以下简称《联单办法》），对危险废物转移联单的申领、填写、运行、报送以及按照存档期限保管等做出了相关的规定。2021年9月由生态环境部部务会议审议通过，并经公安部和交通运输部同意后于11月发布《危险废物转移管理办法》（以下简称《转移办法》），替代原有《危险废物转移联单管理办法》。相较于《联单办法》仅涉及危险废物转移联单的管理，《转移办法》对危险废物转移全过程提出了管理要求，增加了危险废物转移相关方责任、跨省转移管理、全面运行电子联单等内容，并完善了相关条款：一是在《联单办法》基础上，重新制定《转移办法》，由生态环境部、公安部、交通运输部联合印发；二是明确危险废物转移相关方的一般责任，增加了移出人、承运人、接受人、托运人责任，细化了从移出到接受各环节的转移管理要求；三是明确危险废物转移遵循就近原则，尽可能减少大规模、长距离运输；四是强化危险废物转移环节信息化管理，推动实现危险废物收集、转移、处置等全过程监控和信息化追溯；五是优化危险废物跨省转移审批服务，落实"放管服"改革要求，对申请材料、审批流程进行了简化，提高审批效率，加强服务措施。

值得一提的是，《中华人民共和国环境保护税法实施条例》（以下简称《条例》）自2018年1月1日起与《中华人民共和国环境保护税法》同步施行。《中华人民共和国环境保护税法》于2016年12月25日第十二届全国人民代表大会常务委员会第二十五次会议通过，自2018年1月1日起施行。这部法律对于保护和改善环境、减少污染物排放、推进生态文明建设，具有十分重要的意义。为保障环境保护税法顺利实施，有必要制定实施条例，细化征税对象、计税依据、税收减免、征收管理的有关规定，进一步明确界限、增强可操作性。《条例》对环境保护税法所附《环境保护税税目税额表》中其他固体废物具体范围的确定机制、城乡污水集中处理场所的范围、固体废物排放量的计算、减征环境保护税的条件和标准，以及税务机关和环境保护主管部门的协作机制等做了明确规定。

2020年12月为贯彻落实新《固废法》，进一步推进固体废物管理信息系统应用工作,加快提升危险废物环境管理信息化能力和水平,生态环境部办公厅发布《关于推进危险废物环境管理信息化有关工作的通知》。通知文件提出"全面应用固体废物管理信息系统(包括生态环境部建设运行的全国固体废物管理信息系统和地方生态环境部门建设运行的固体废物管理信息系统),开展危险废物管理计划备案和产生情况申报、危险废物电子转移联单运行和跨省(自治区、直辖市)转移商请、持危险废物许可证单位年报报送、危险废物出口核准等工作,有序推进危险废物产生、收集、贮存、转移、利用、处置等全过程监控和信息化追溯"。

2021年5月,国务院办公厅印发《强化危险废物监管和利用处置能力改革实施方案》,并提出工作目标:

到2022年底,危险废物监管体制机制进一步完善,建立安全监管与环境监管联动机制;危险废物非法转移倾倒案件高发态势得到有效遏制。基本补齐医疗废物、危险废物收集处理设施方面短板,县级以上城市建成区医疗废物无害化处置率达到99%以上,各省(自治区、直辖市)危险废物处置能力基本满足本行政区域内的处置需求。

到2025年底,建立健全源头严防、过程严管、后果严惩的危险废物监管体系。危险废物利用处置能力充分保障,技术和运营水平进一步提升。

首先,强化危险废物源头管控。一是完善危险废物鉴别制度。动态修订《国家危险废物名录》,对环境风险小的危险废物类别实行特定环节豁免管理,建立危险废物排除管理清单。二是严格环境准入。新改扩建项目要依法开展环境影响评价,严格危险废物污染环境防治设施"三同时"管理;依法依规对已批复的重点行业涉危险废物建设项目环境影响评价文件开展复核;依法落实工业危险废物排污许可制度;推进危险废物规范化环境管理。三是推动源头减量化。支持研发、推广减少工业危险废物产生量和降低工业危险废物危害性的生产工艺和设备,促进从源头上减少危险废物产生量、降低危害性。

其次,强化危险废物收集转运等过程监管。一是推动收集转运贮存专业化。深入推进生活垃圾分类,建立有害垃圾收集转运体系;支持危险废物专业收集转运和利用处置单位建设区域性收集网点和贮存设施,开展小微企业、科研机构、学校等产生的危险废物有偿收集转运服务;开展工业园区危险废物集中收集贮存试点;鼓励在有条件的高校集中区域开展实验室危险废物分类收集和预处理示范项目建设。二是推进转移运输便捷化。建立危险废物和医疗废物运输车辆备案制度,完善"点对点"的常备通行路线,实现危险废物和医疗废物运输车辆规范有序、安全便捷通行;根据企业环境信用记录和环境风险可控程度等,以"白名单"方式简化危险废物跨省转移审批程序；维护危险废物跨区域转移公平竞争市场秩序，各地不得设置不合理行政壁垒。

最后，严厉打击涉危险废物违法犯罪行为。强化危险废物环境执法，将其作为生态环境保护综合执法重要内容。严厉打击非法排放、倾倒、收集、贮存、转移、利用、处置危险废物等环境违法犯罪行为。实施生态环境损害赔偿制度，强化行政执法与刑事司法、检察公益诉讼的协调联动。对自查自纠并及时妥善处置历史遗留危险废物的企业，依法从轻处罚。

为贯彻落实《强化危险废物监管和利用处置能力改革实施方案》等有关要求，进一步提升危险废物环境管理信息化水平和能力，同时也为危险废物相关单位提供信息化便利服务，2022年6月生态环境部办公厅发布《关于进一步推进危险废物环境管理信息化有关工作的通知》（以下简称《通知》），《通知》包括三部分内容：

第一，提出持续推进危险废物环境管理信息化工作，主要包括推行危险废物电子管理台账、实现危险废物电子转移联单统一管理、实行危险废物跨省转移商请无纸化运转、规范危险废物集中利用处置情况在线报告、规范危险废物出口相关业务信息化管理、加强医疗废物处置能力情况在线报送等。

第二，提出推动提升危险废物环境监管智能化水平，主要包括鼓励开展危险废物物联网环境监管、开展危险废物网上交易平台建设和第三方支付试点、深化废铅蓄电池收集转运试点工作等。

第三，提出进一步强化国家固废信息系统对接与应用，明确数据对接、报送、应用等相关要求。

1.1.2 危险废物管理相关的标准规范

除了法律法规及政策，诸多的标准规范对我国危险废物的管理也起到了进一步的规范化作用。表1.1-4列出了部分与危险废物管理相关的标准规范。

表1.1-4 部分与危险废物管理相关的标准规范

序号	名称	文号	施行时间
1	《危险废物贮存污染控制标准》	GB 18597—2023	2023年7月1日
2	《危险废物焚烧污染控制标准》	GB 18484—2020	2021年7月1日
3	《危险废物填埋污染控制标准》	GB 18598—2019	2020年6月1日
4	《〈环境保护图形标志—固体废物贮存（处置）场〉(GB 15562.2—1995)修改单》	—	2023年7月1日

续表

序号	名称	文号	施行时间
5	《危险废物识别标志设置技术规范》	HJ 1276—2022	2023年7月1日
6	《固体废物鉴别标准 通则》	GB 34330—2017	2017年10月1日
7	《危险废物鉴别标准 通则》	GB 5085.7—2019	2020年1月1日
8	《危险废物鉴别技术规范》	HJ 298—2019	2020年1月1日
9	《关于发布〈危险废物经营单位编制应急预案指南〉的公告》	国家环境保护总局公告2007年第48号	2007年7月4日
10	《关于发布〈危险废物经营单位记录和报告经营情况指南〉的公告》	环境保护部公告2009年第55号	2009年10月29日
11	《废铅酸蓄电池处理污染控制技术规范》	HJ 519—2009	2010年3月1日
12	《危险废物(含医疗废物)焚烧处置设施性能测试技术规范》	HJ 561—2010	2010年6月1日
13	《危险废物收集 贮存 运输技术规范》	HJ 2025—2012	2013年3月1日
14	《危险废物处置工程技术导则》	HJ 2042—2014	2014年9月1日
15	《关于发布〈建设项目危险废物环境影响评价指南〉的公告》	环境保护部公告2017年第43号	2017年10月1日

从表1.1-4可以看出，对于危险废物处理和处置的各个过程，国家层面都出台了相关的污染控制标准。2001年11月原国家环境保护总局批准的旧版《危险废物贮存污染控制标准》(以下简称《贮存标准》)规定了对危险废物贮存的一般要求，以及对危险废物的包装、贮存设施的选址、设计、运行、安全防护、监测和关闭等的具体要求；但原《贮存标准》已颁布20多年，随着危险废物的来源、种类和利用处置方式等发生变化，危险废物贮存的环境压力和环境风险防控难度显著增大，亟须修订《贮存标准》，进一步规范我国危险废物贮存的环境管理，防范环境风险。2023年1月，生态环境部与国家市场监督管理总局联合发布修订后的新版标准，贯彻精准治污、科学治污、依法治污的总体要求，全面防控危险废物贮存环境风险。

《危险废物焚烧污染控制标准》首次发布于1999年，2001年第一次修订。2020年发布了第二次修订稿，重点解决处置技术及设施运行参数调整问题以及与现行其他法律、法规、标准之间的协调性、系统性的问题。2020年版标准规定了危险废物焚烧设施的选址、运行、监测和废物贮存、配伍及焚烧处置过程的生态环境保护要求，以及实施与监督等内容。

《危险废物填埋污染控制标准》于2001年12月首次发布，对危险废物安全填埋场在建造和运行过程中涉及的环境保护要求，包括填埋场入场条件、填埋场选址、设计、施工、运行、封场及监测等方面做了规定。2020年进行了首次修订，主要内容包括规范了危险废物填埋场场址选择技术要求；严格了危险废物填埋的入场标准；收严了危险废物填埋场废水排放控制要求；完善了危险废物填埋场运行及监测技术要求。

此外，早在1995年，国家就针对固体废物贮存（处置）场所的环境保护图形标志出台了相应的标准，规定了一般固体废物和危险废物贮存、处置场环境保护图形标志及其功能，适用于环境保护行政主管部门对固体废物的监督管理。为更好地满足当前的环境管理需要，提升危险废物识别标志的规范性和信息化管理水平，2022年12月生态环境部印发《危险废物识别标志设置技术规范》，并以修改单的形式修订《环境保护图形标志—固体废物贮存（处置）场》。

2007年国家环境保护总局制定了《危险废物经营单位编制应急预案指南》，涵盖了制定应急预案的原则要求、基本框架、保证措施、编制步骤、文本格式等，用于指导危险废物经营单位制定应急预案，有效应对意外事故。

我国固体废物处置的原则是减量化、再利用、资源化和无害化。危险废物处理处置技术按废物最终去向可分为处理技术和处置技术，按处置工艺可分为物理技术、化学技术、生物技术及其混合技术等；按处置方法可分为焚烧技术、非焚烧技术、填埋技术、固化/稳定化技术等；按处理处置的废物类型进行分类，有危险废物处理处置技术和其他特种危险废物处理处置技术等。

随着科学技术的不断进步和发展，危险废物处理处置技术不断推陈出新，国家虽然颁布了许多针对专项处理处置技术的工程技术规范，但在污染控制标准和专项工程技术规范之间缺乏必要的通用性技术指导文件。针对危险废物处置工程建设制定一个广谱的通用型技术标准，已成为我国危险废物处理处置技术管理环节的必然要求。2014年颁布的《危险废物处置工程技术导则》规定了危险废物处置工程设计、施工、验收和运行中的通用技术和管理要求。该标准的制定，有效促进了我国在危险废物领域处置技术的引进、开发和应用，推动科学形成我国危险废物处置技术体系；且有效促进了危险废物管理体系上下法规标准体系的衔接，进一步完善国家危险废物管理体系。

危险废物的产生与排放会对环境安全与人类健康造成严重的影响，为进一步规范建设项目产生危险废物的环境影响评价工作，指导各级环境保护主管部门开展相关建设项目环境影响评价审批，2017年制定出台《建设项目危险废物环境影响评价指南》。指南要求：对建设项目产生的危险废物种类、数量、利用或处置方式、环境影响以及环境风险等进行科学评价，并提出切实可行的污染防治对策措施；对建设项目危险废物的产生、收集、贮存、运输、利用、处置全过程进行分析评价,严格落实危险废物各项法律制度,提高建设项目危险废物环境影响评价的规范化水平,促进危险废物的规范化监督管理。

1.1.3　长三角地区的危险废物处置与管理制度

1. 江苏

危险废物环境管理与循环利用、无害化处置一直是江苏省环境管理工作的重点。2010年省内颁布了《江苏省固体废物污染环境防治条例》(2012、2017、2018、2024年四次进行修正、修订)。2012年省环保厅印发了《关于切实加强危险废物监管工作的意见》。2013年印发了《国家"十二五"危险废物污染防治规划江苏省实施方案》《江苏省危险废物专项整治方案》。2014—2015年发布了《工业危险废物产生单位规范化管理实施指南》《关于进一步严格产生危险废物工业建设项目环境影响评价文件审批的通知》《江苏省危险废物集中焚烧处置行业环境管理要求》《江苏省固体(危险)废物跨省转移审批工作程序》。2017年首次发布了《关于进一步规范我省电镀及酸洗污泥综合利用行业环境管理工作的通知》。2018年印发《江苏省危险废物处置收费管理办法》。

2020年省生态环境厅制定了《危险废物处置专项整治具体实施方案》。2021年10月印发《江苏省危险废物集中收集体系建设工作方案(试行)》,全面深化危险废物管理制度改革,强化分级分类管理,推动集中收集体系建设。

2022年1月省政府办公厅印发《江苏省全域"无废城市"建设工作方案》,全面推进"无废城市"建设,全面提升城市发展与固体废物统筹管理水平,推动减污降碳协同增效。2022年1月制定《江苏省强化危险废物监管和利用处置能力改革实施方案》;2022年11月出台江苏省地方标准《危险废物综合利用与处置技术规范　通则》(DB32/T 4370—2022),适用于危险废物综合利用与处置单位全过程的污染控制,从入厂分析、贮存、物化处理、综合利用、焚烧、填埋和运行管理7个方面提出了技术要求。补充细化了国家现行危险废物焚烧、填埋标准要求,创新提出综合利用产物分级管控具体措施,促进全省危险废物利用处置行业规范化管理。

2023年发布《省生态环境厅关于做好〈危险废物贮存污染控制标准〉等标准规范实施后危险废物环境管理衔接工作的通知》《江苏省固体废物全过程环境监管工作意见(征求意见稿)》;"江苏省全生命周期监控系统"于2023年11月18日更名为"江苏省固体废物管理信息系统"并正式上线,省内危险废物环境管理体系基本形成。

2. 浙江

浙江省高度重视危废处理行业规范化管理,各级政府也陆续制定了相关的配套法规。《浙江省企业环境信用评价管理办法(试行)》《浙江省危险废物经营许可证管理办法》等文件都为危废处理工作提供了支持和指引。将工业固体废物污染防治纳入全域"无废城市"建设,横向联动、纵向贯通的推进机制更加有力。围绕打赢清废行动攻坚战,省生态环境厅陆续出台《浙江省清废行动实施方案》《浙江省全域"无废城市"建设工作方案》《浙江省强化危险废物监管和利用处置能力改革实施方案》等制度文件,在全国率先实施危险废物闭环监管"一件事"改革,系统谋划、整体推进工业固体废物污染防治的制度体系基本形成。

2006年3月颁布的《浙江省固体废物污染环境防治条例》,经2013、2017、2022年三次修正、修订后,于2023年1月1日起实施;2017年2月发布《关于进一步规范危险废物转移过程环境监管工作的通知》;2021年印发《浙江省危险废物治理专项行动方案》;2022年制定《浙江省危险废物"趋零填埋"三年攻坚行动方案》;2023年7月印发的《浙江省小微产废单位危险废物收运贮存管理暂行办法》向全国推广小微企业危险废物收运"浙江模式"。同年12月印发《浙江省危险废物集中处置设施建设规划(2023—2030年)》。

为贯彻落实《国务院办公厅关于印发强化危险废物监管和利用处置能力改革实施方案的通知》《关于印发〈长江三角洲区域固废危废利用处置"白名单"和"黑名单"制定规则及运行机制(试行)〉的函》《浙江省生态环境厅关于印发深化危险废物闭环监管"一件事"改革方案的通知》《浙江省生态环境厅关于做好危险废物跨省转移"白名单"企业遴选和动态管理工作的通知》要求,浙江省生态环境厅制定了两批危险废物"白名单"企业清单,"白名单"企业接收来自长江三角洲地区指定类别、指定数量范围内的危险废物的,按照《长江三角洲区域固废危废利用处置"白名单"和"黑名单"制定规则及运行机制(试行)》,执行简化审批程序。

3. 上海

上海市以危险废物规范化管理为抓手,围绕管理计划、申报登记、转移联单、经营许可等制度,针对危险废物产生、收集、贮存、转移、利用和处置等环节,融合先进管理理念和现代信息技术,基本建成了危险废物全过程闭环管理体系。

为深入贯彻落实《中华人民共和国固体废物污染环境防治法》《中共中央国务院关于深入打好污染防治攻坚战的意见》《国务院办公厅关于印发强化危险废物监管和利用处置能力改革实施方案的通知》等法律法规和政策文件要求,上海市在危险废物监管和利用处置方面出台了一系列的管理政策与制度。

2020年3月和9月分别制定《关于进一步加强上海市危险废物污染防治工作的实施方案》《上海市危险废物专项整治三年行动实施方案》；2021年12月印发《上海市"十四五"危险废物监管和利用处置能力建设规划》；2022年1月、2月先后发布《关于进一步加强重点企业副产物环境管理工作的通知》和《关于加强上海市危险废物鉴别工作的通知》；2022年6月制定《上海市2022年危险废物规范化环境管理评估工作方案》；2023年5月制定《关于进一步推进上海市危险废物豁免利用工作的实施方案》；2023年8—11月上海市生态环境局进一步开展危险废物规范化环境管理专项整治工作，持续强化危险废物规范化管理，切实落实危险废物贮存管理要求，深入开展环境安全隐患排查和帮扶。2024年2月、3月上海市生态环境局又分别发布《关于进一步推进本市医疗废物收运处置信息化管理工作的通知》《关于进一步加强本市危险废物规范化环境管理有关工作的通知》《上海市无废城市建设条例》。

4. 安徽

"十三五"期间，安徽省政府按照"控源头、奖举报、查输运、堵落地、严打击、重追责"的总体思路建立健全固体废物污染防控长效机制，推动修订《安徽省实施〈中华人民共和国固体废物污染环境防治法〉办法》，完善制度体系。其中主要的制度文件包括：2017年发布的《安徽省环保厅关于进一步加强危险废物环境监督管理的通知》《关于印发安徽省医疗卫生机构医疗废物管理实施细则的通知》，2018年制定的《安徽省网格化环境监管固体废物监督管理实施办法》《安徽省固体废物源头管控实施办法》《安徽省人民政府关于建立固体废物污染防控长效机制的意见》，2020年颁布的《安徽省生态环境违法行为有奖举报办法》《安徽省生态环境厅 安徽省卫生健康委员会关于进一步加强医疗废物监督管理的通知》。

2021年9月，为进一步健全固体废物环境监管体系，稳步提升利用处置能力和环境风险防范能力，指导做好"十四五"期间危险废物 工业固体废物污染环境防治工作，印发了《安徽省"十四五"危险废物 工业固体废物污染环境防治规划》，明确了"十四五"期间危险废物、工业固体废物环境管理十大重点任务为：一是完善政策法规标准体系；二是推动"无废城市"创建；三是推动源头减量与资源化利用；四是提升环境监管能力和水平；五是健全危险废物收集转运体系；六是统筹设施建设，持续优化结构；七是完善医疗废物收集转运处置体系；八是加强危险废物管理技术支撑；九是推动资源综合利用基地建设；十是防范化解环境风险。

其中第一大任务为完善政策法规标准体系，具体包括：健全省市两级危险废物经营许可管理制度,进一步规范危险废物收集、贮存、利用、处置许可管理,优化跨省转移审批程序。完善危险废物"点对点"定向利用豁免管理制度。研究制定安徽省危险废物"收、存、转"管理办法。研究制定符合安徽省省情的危险废物、工业固体废物利用处置污染防治技术政策,适时制定出台废电路板综合利用污染控制技术规范等地方标准规范,探索建立安徽省危险废物鉴别工作体系。

2024年出台的《安徽省规范危险废物环境管理 促进危险废物利用处置行业健康发展若干措施》,可持续提升危险废物监管和利用处置能力,进一步优化营商环境。

1.2 信息化管理

完善危险废物环境管理信息化体系。一是依托生态环境保护信息化工程,完善国家危险废物环境管理信息系统,实现全国危险废物环境管理信息化"一张网"。二是加强信息系统推广应用,实现危险废物产生情况在线申报、管理计划在线备案、转移联单在线运行、利用处置情况在线报告和全过程在线监控。三是鼓励有条件的地区推行视频监控、电子标签等集成智能监控手段,实现对危险废物全过程跟踪管理,并与相关行政机关、司法机关实现互通共享。

近年来,长三角地区不断推进信息化监管平台建设。基于物联网、大数据等信息化技术,构建危险废物全过程监管信息平台,如2021年11月率先推行江苏省全生命周期监控系统(现更名为"江苏省固体废物管理信息系统"),在全国实现了"三个率先"和"三大变革",率先在全省域推行"电子二维码"管理,率先实现危险废物产生情况在线申报、管理计划在线备案、转移联单在线运行、利用处置情况在线报告和全过程在线监控,率先做到供需双方线上直接交易。实现申报方式变革,变过去月度、季度、年度事后补报为现在实时申报,解决底数不清问题;管理方式变革,变过去被动发现问题为现在及时预警提醒,解决情况不明问题;服务方式变革,变过去企业主动申报方才纳入服务对象为现在通过收集体系建设提供"地毯式"服务,做到应管尽管,解决监管盲区问题。

该系统架构为"1+N"("1"即数据协同管理和智能决策分析智能监管平台,"N"即数据监控、视频监控、工况监控等多维度监控系统),对危险废物产生、收集、贮存、运输、利用、处置进行全环节管理,目标做到"来源可查、去向可追、全程留痕",实现危险废物产生情况在线申报、管理计划在线备案、转移联单在线运行、利用处置情况在线报告和全过程在线监控,为提升危险废物全生命周期监管能力、守好安全处置底线提供了有力支撑。系统的特色功能主要包括:

1. 危废源头"一网打尽",确保应管尽管

根据废物来源建立企业来源、政府来源、应急来源等分类管控机制,从源头上堵住危废监管漏洞。企业来源危废根据危险废物产生量、危险特性和行业特征等实行分级分类申报,改传统的"月报、季报、年报"申报模式为实时申报,将烦琐的危废数据"化整为零",实行规范化精细化管理。对面广量大的小散源,鼓励地方自建小微收集平台与省系统对接,提供危废辅助申报"环保管家"服务,有效拓展危废收集区域和种类。政府来源和应急来源危废以政府申报为主体,对收缴查获、不明来源、应急处置等存量源危废实行兜底监管,政府部门上传处置方案,将存量源危废逐包装录入系统,做到"清楚申报、规范转移、安全处置"。同时,严格执行危险废物豁免管理清单,豁免利用处置单位经属地生态环境部门备案后纳入系统,根据设定的豁免流程转移危废,严防"体外循环"。换而言之,全省危险废物无论种类多少、数量大小还是来自何处,均纳入系统线上监管,真正做到应管尽管。

2. 涉废企业"码上管理",确保全程可溯

针对各类检查巡查反馈的"危废数据采集准确性、可信度不高,漏报少报不报"等问题,江苏省变被动管理为主动管理,对全省4万多家涉废企业开展"四清单""六环节""码上管理"。

建立涉废单位产生源、贮存设施、自行利用处置设施和利用处置设施"四清单",健全危险废物产生、贮存、自行利用处置、委外转移、利用处置、利用处置后"六环节"全周期管理机制。将传统的危废标签改为二维码电子标签,从产废端开始,所有危险废物按包装建立电子二维码身份证,实现危废全过程"码"上管理的监管模式。任何人员都可通过扫码查看危废各个环节流转过程,实现危险废物"快递式"的全生命周期追溯。

产废环节对危废产生源和包装分别实行绿色、橙色标识(含二维码)编号管理,通过二维码关联设施信息和包装信息,实时记录危险废物的空间信息和时间信息,产废企业清楚明白危废"在哪产生、放在哪里、去了哪里"。贮存环节实行贮存设施黄色标识(含二维码)编号管理,每件危废必须扫码入库,系统通过二维码信息,建立从产生到贮存的追踪链条。对重点涉废单位(年产生1 000 t以上产废单位及经营单位)的贮存设施出入口、仓库内部、运输通道等关键点位进行视频监控,截至2021年底已接入1 335家企业视频。自行利用处置环节实行自建利用处置设施绿色标识(含二维码)编号管理,企业通过扫码实现快速填报危废自行利用处置情况,有效防范环境风险。转移环节做到"网上转,全留痕"。

省内转移,产废单位在转移出库时对运输工具开展"五必查",对车辆及驾驶人运输资质、装载危废适用类别等内容进行检查。经营单位通过手机端"江苏环保脸谱"微信小程序按危废包装扫码签收，拍照上传现场照片，系统自动定位签收地点实际坐标，印证转移联单接收地址是否与拍照地址相符。经营单位超过48小时不扫码签收的，系统自动禁止其他转移行为。另外，为督促危险废物经营单位落实主体责任，根据国家要求，对企业违反许可条件和污染防治措施情形的，系统将在一定期限内限制其接收危险废物，防范环境危害发生或扩大。比如，计划对未按入场分析标准接收危险废物、接收无二维码危险废物或扫码签收弄虚作假以及未按规定填写、运行危险废物转移电子联单等行为超过3批次及以上的，系统拟暂停接收危险废物服务功能30天。

跨省转移，主动衔接跨省转移审批系统，对接国家危废管理系统，及时掌握危废跨省移出和移入情况。跨省移入危废在贮存前按江苏省要求制作粘贴橙色标识（含二维码），经营单位清晰了解危废"有何特性、怎么分析、如何处置"。利用处置环节做到"真处理，全闭环"。

危废利用处置设施实行绿色标识（含二维码）编号管理，每件危废通过扫码，选择不同编号的利用处置设施，完成出库最终处理。利用处置后环节设置独立申报流程，经营单位按日如实申报再生产品、一般固废、次生危废产生贮存和去向情况，申报信息将与许可信息关联，实行闭环管理。因此，在江苏，每袋（桶）危险废物都有自己的"电子二维码身份证"，其停留的每个地方也有"电子二维码"监管。

3. 管理部门"智慧监管"，确保风险可控

聚焦危废监管需求，不断拓展"互联网＋监管"应用的广度和深度，提升"数字化、可视化，非现场、不接触"监管水平。一是强化数据应用。全面开展系统数据分析挖掘与应用，深化焚烧设施工况、视频监控和大数据分析等应用能力，对危废利用处置设施不正常运行、危废超期贮存、超量贮存、异常转移等异常情况，根据风险指标评估体系进行相对应的预警与应急响应，实现各类风险即时预警。二是强化区域监控。建立全省危险废物"一张网"，基于大数据、GIS、可视化技术，提供多维度、多层面的危废信息与画面展示，开展可视化分析，包括区域危废分析专题、企业分析评价专题、风险预警分析专题、企业综合监控专题、视频监控分析、数据交换专题等，便于管理人员直观、立体掌握危废的总体情况，实行危废数字化管理。三是统一指挥调度。系统纳入省、市、县、乡镇共用的生态环境指挥调度系统，实现视频会商、数据分析、辅助决策、指挥调度等功能，提升危废执法指挥调度能力及执法精度，切实提高省市协同作战能力。四是互联融合共享。与全国固体废物管理信息系统实时对接，共享危险废物电子转移联单、管理计

划、申报、转移等信息,实现危废跨省转移联单电子化。对接省化治办危险化学品全生命周期系统,提供废弃危险化学品处置单位信息;与省交通运输厅开展"先锋绿源通"党建联盟结对共建,加强对全省危险废物转移的协同监管。以上"智慧监管"举措能有效化解基层"没人管、不会管"的问题。

新系统重点抓住了三个关键举措,即"实时申报""全过程追踪""智能化监管"。

(1) 实时申报。危险废物产生即申报,系统为每袋(桶)危险废物自动生成唯一的"危险废物电子监管二维码"身份证,并打印、粘贴于危险废物包装物上,记录其相关产生来源、理化特性、包装方式、数量等信息。整个过程信息记录完整,责任明晰到危险废物产生一线操作人员,实现"源头管理精细化"工作目标,压缩人为数据造假空间,做到"底数清",提升监管效率。

(2) 全过程追溯。危险废物产生后,系统通过"电子监管二维码"详细记录其贮存、转移、利用处置和次生产物等过程的发生时间、相关设施、操作人员等信息,实现全过程留痕。管理人员或公众可通过微信扫码查看详细信息。产废单位也可随时掌握产生多少危废,放在哪里,转移给谁,有没有运送到利用处置单位,有没有被利用处置掉,每个环节的操作人员是谁。经营单位能随时了解接收的危废来自哪里,是不是这个产废单位的,与联单信息是否吻合。监管部门通过线上查询、线下扫码,开展远程实时监控,随时掌握危废存量状况,实现智能化、即时化、流程化监管,及时及早发现违规违法行为。系统为各类人员对危险废物"情况明"搭建了载体。

(3) 智能化监管。通过对申报数据、工况数据、视频图像等不同维度信息之间的比对、印证,为每家危险废物产生企业画像,建立内在规律,一旦出现反常现象,系统及时预警提醒,监管人员可有针对性地开展现场执法检查,及时发现违法违规行为,实现由被动式监管向主动式监管转变,同时,确保区域危废从产生到处置等各个环节"看得清、查得清、管得清"。通过数据分析、挖掘与应用,也可督促企业切实履行主体责任,进一步落实管理制度,建立健全污染环境防治责任制度,严守法律法规底线。

浙江省危废信息化管理工作主要体现在:

一是以系统观念为引领。聚焦综合智治,着力提升危险废物信息化管理水平,全程通过浙江省固废管理信息系统"一网办理"对危险废物经营许可等相关办事事项受理、审查、决定、制证等环节进行审批。通过生态环境部门网站公开危险废物经营单位的许可证审批、评价考核和事中事后监管中发现的违法行为及处理结果等有关信息,体现了公开、公平、公正、廉洁的原则。持续扩大全省固废管理信息系统应用覆盖面，并根据应用实际需求不断完善系统功能模块。

二是应用信息系统从严跨省转移审批和全程管控，原则上省内利用处置能力满足实际需求的危险废物不出省。

三是开发"无废城市在线"数字化综合应用，构建"1＋7＋N"(1个主驾驶舱、7大模块、N个子场景)的框架体系，实现省市县三级贯通、五大类固废多跨协同。在全省全面启用"无废城市在线"平台(即"全省固废治理数字化应用"信息系统)，实现对各设区市及县(市、区)"无废城市"建设工作进展的实时调度和监控，进一步推动危险废物管理精准化和智能化。

数字赋能变革重塑为危险废物污染防治提供了新动能。"无废城市在线"数字化应用迭代升级，危废领域联网监控、物联感知、智能预警、科学决策能力不断提升。通过升级改造"无废城市在线"平台，打通了与交通运输部门"浙运安"数字化场景的数据对接，实现了危险废物运输车辆轨迹、转移联单与电子运单等数据双向实时共享。自2021年1月1日"危货智控"正式启用起，完成了对危货车辆的实时、精准、全过程闭环监管。

上海在完善智慧监管体系建设方面的主要工作包括：

1. 强化危险废物全过程信息化管理

依托"一网通办""一网统管"建设，建立全市危险废物产生、贮存、转移、利用处置等基础数据"一个库"。严格落实危险废物产生情况在线申报、管理计划在线备案、出入库台账线上申报、转移联单在线运行、利用处置情况在线报告等制度，持续推进运输过程的数据对接和信息化监控。进一步完善危险废物信息化管理平台，实现全过程在线监管，并按照国家危险废物环境管理信息系统的要求做好数据互联互通与实时对接。

2. 推进数据信息互通联动

强化信息共享联动，对接运输环节GPS跟踪数据，加强与公安、交通、市场监管等多部门信息互通联动。围绕信用记录制度，推动危险废物重点监管单位主动公开危险废物产生、转移、处理、处置等环境信息，接受社会监督。

3. 提升智能化监管信息技术水平

推动电子磅秤实时测量数字化应用，精确定位物流出入口、贮存场所、处置设施、转移路线("三点一线")等重点环节，分领域分阶段建立可视化、智能化动态监控体系，其中危险废物经营单位在2022年底前已实现。融合二维码、物联网、大数据、云计算、人工智能等技术，赋能危险废物大数据处理与智能化管理，形成"全程跟踪、动静结合、实时精准"的管理新模式。

4. 加强智能化监管成果辅助决策应用

加强信息化能力建设,进一步完善危险废物、医疗废物、工业固体废物管理信息模块,加强信息互通共联,提升信息智能比对和逻辑核实能力,进一步强化数据资源优势。探索监测、排污、执法等生态环境信息与固体废物管理信息的集成共享,积极推动监管执法应用,进一步提升污染源统一监管能力。加强数据挖掘能力,进一步增强数据应用水平。健全分析研判机制,进一步完善风险预警功能,实现数据为管理提供辅助决策。

上海使用长江干线船舶水污染物联合监管与服务信息系统,对本市内河水域实现全覆盖,同时将相关污染物处置单位纳入年度执法检查计划。搭建汽修行业危险废物收集平台,依托危险废物经营单位开展收集试点工作,全面收集汽修行业的各类危险废物。出台《上海市产业园区小微企业危险废物集中收集平台管理办法》,积极推进外高桥、莘庄工业区等产业园区、宝山区区级小微企业危险废物收集平台试点。开展废铅蓄电池区域收集试点工作,按照"销一收一"的回收模式,落实铅蓄电池生产者责任延伸制度,初步形成了全市废铅蓄电池收集网络。

安徽省升级改造全省固体废物管理信息系统,与国家信息系统数据互联互通,初步实现危险废物产生、贮存、转移、利用、处置闭环管理。其中值得一提的是,由于持续推进长江经济带水污染物联合监管与服务信息系统的使用,实现了船舶污染物转移电子联单全过程闭环管理。

"十四五"期间,安徽省持续优化省固体废物管理信息系统,实现危险废物产生情况在线申报登记、管理计划在线备案、转移联单在线运行、利用处置情况在线报告和全过程在线监控。探索利用物联网、大数据、人工智能等技术对危险废物产生、转移、贮存、利用、处置等实施全过程信息化监管,推动实现由"人防"向"人防+技防"的监管方式转变。鼓励各市建立小微企业危险废物监管服务信息平台,提升对小微企业的服务和危险废物环境监管水平。

1.3 司法执法

国家生态环境部出台的《关于提升危险废物环境监管能力、利用处置能力和环境风险防范能力的指导意见》中明确提出:建立健全"源头严防、过程严管、后果严惩"的危险废物环境监管体系。而"后果严惩"就是采用司法手段严厉打击危险废物违法犯罪行为,不断提升执法水平。

2019年4月起,生态环境部组织开展打击固体废物环境违法行为专项行动

（简称"清废行动"），通过卫星遥感等方式对长江经济带 11 省（市）固体废物堆存、倾倒和填埋等情况进行排查，并将排查发现的疑似问题逐一交办问题所在地市、县两级人民政府，督促开展现场核查。截至当年 11 月，经各地现场核实和最终审核确认，共发现 1 262 个问题。生态环境部对其中 40 个（类）突出问题进行挂牌督办、11 个（类）问题交各省挂牌督办处理，并督促各省生态环境厅对列入挂牌督办的问题严格按照"限期整治、溯源调查、依法查处、信息公开"等四项督办要求组织整改，并加强跟踪督办，确保完成整改。

2020 年 9 月 9 日，生态环境部召开全国危险废物环境管理工作会议暨危险废物专项整治三年行动推进会，贯彻落实新修订的《中华人民共和国固体废物污染环境防治法》，强化危险废物环境监管，推进危险废物专项整治三年行动及专项执法行动。

会议强调，习近平总书记等中央领导同志高度重视危险废物污染防治。各级生态环境部门要深入学习习近平生态文明思想，全面落实党中央、国务院决策部署，提高政治站位、统一思想认识，坚持精准治污、科学治污、依法治污，防范化解危险废物环境风险，保障人民群众身体健康。

会议指出，做好危险废物环境管理事关能否打好打赢污染防治攻坚战、事关能否补齐生态环境保护短板、事关能否提高人民群众对生态环境质量改善的获得感、安全感、幸福感。

会议要求，各级生态环境部门要深入贯彻落实《固废法》，切实强化危险废物环境监管；深入开展危险废物专项整治三年行动和专项执法行动，全面排查整治危险废物环境风险，遏制危险废物非法转移倾倒违法犯罪行为；加强各级固体废物环境监管和技术支撑队伍建设，强化部门信息共享和沟通协调，建立联动工作机制。

自 2020 年以来，生态环境部、最高人民检察院、公安部（以下简称"三部门"）持续组织开展严厉打击危险废物环境违法犯罪行为专项行动，重点打击无危险废物经营许可证或以合法资质为掩护的单位非法收集、贮存、利用、处置危险废物；明知他人无危险废物经营许可证，向其提供或者委托其收集、贮存、利用、处置危险废物；非法排放、倾倒、处置危险废物 3 t 以上；违反《危险废物转移管理办法》规定，跨行政区域非法转移、排放、倾倒、处置危险废物；将危险废物隐瞒为中间产物（产品）、副产物（品），非法转移、利用和处置等危险废物环境违法犯罪行为。2021 年起又将打击重点排污单位自动监测数据弄虚作假、环境违法犯罪行为纳入行动范围，合称为"两打"专项。

专项行动期间充分利用"12369""110"举报热线等渠道，全面收集各类涉危险废物违法犯罪案件线索。实施生态环境违法行为举报奖励,采取对行业从业人员、内部知情人员予以重奖等措施,鼓励群众举报违法犯罪线索。积极整合环境执法、固体废物管理、环境监测等力量,对收集的线索分析研判,梳理汇总有价值的案件线索。

生态环境部抽调环境执法、固体废物管理、环境监测人员组成专案组,对非法转移、倾倒的危险废物追根溯源,摸清产生、运输、倾倒链条,对链条上全部涉案企业和个人,按照行政处罚自由裁量的有关规定,依法实施严惩重罚。对涉嫌环境犯罪的,按照规定的时限和要求移送公安机关,相关材料抄送同级检察机关。同时,结合生态环境执法队伍实战练兵,组织交叉执法,集中力量查处一批重大典型污染环境犯罪案件,整治一批管理不规范企业。

2021年1月至9月全国生态环境部门查处涉危险废物和自动监测数据造假环境违法案件7 025起,移送1 266起,罚款8.94亿元,对其中的124起案件开展生态环境损害赔偿工作,已赔偿完成的34起案件共追偿约1.2亿元。公安部对40起涉危险废物和自动监测数据造假环境违法犯罪重大案件挂牌督办,均已成功告破。检察机关共起诉1 614起涉危险废物和自动监控等环境违法案件,共起诉涉案人员4 077人。全国共有23个省(市、区)签定了12个涉危险废物环境跨区域联防联控或联合执法机制或协议,各地协同办理116起跨省级行政区域"两打"专项环境违法案件。

为深入贯彻落实《中共中央 国务院关于深入打好污染防治攻坚战的意见》,持续保持打击环境违法犯罪高压态势,2022年三部门继续联合组织深入开展"两打"专项行动,密切配合、通力协作,坚持典型案件查处与完善长效协作机制相结合、严格执法与帮扶服务相结合,推动"两打"专项领域执法办案能力显著提升,专项行动取得明显成效。

专项行动期间,全国生态环境部门共查处涉危险废物和自动监测数据弄虚作假环境违法案件5 494起,罚款5.63亿元,移送公安机关涉嫌犯罪案件1 037起。其中,涉危险废物环境违法案件3 961起,罚款4.35亿元,向公安机关移送805起;自动监控环境违法案件1 533起,罚款1.28亿元,向公安机关移送232起。公安机关2022年全年共立案查处污染环境案件2 512起,抓获犯罪嫌疑人4 356名,并对118起重大案件挂牌督办,均已成功告破。全国检察机关共批准逮捕污染环境犯罪案件627件1 067人,提起公诉1 747件4 314人,监督公安机关立案141件,监督公安机关撤案102件。

在国家"清废行动""打击危险废物环境违法犯罪"等专项行动高压态势下,长三角三省一市也积极行动起来,全面开展危废专项整治,提升环境执法水平。

江苏在2020年制定印发《危险废物处置专项整治具体实施方案》。整治范围覆盖全省所有化工园区、化工企业,危险化学品生产、贮存、运输、使用、经营单位;所有危险废物经营单位和自行建设危险废物利用处置设施的单位;所有生活垃圾焚烧及填埋处置单位等。对发现的问题隐患要求扭住不放、彻查到底,切实从源头上管控风险。

"十四五"期间,江苏继续加大涉危险废物案件查处力度,严厉打击非法转移、倾倒等违法行为。据统计,仅2021年江苏累计出动执法人员3.2万人次,开展执法检查1.3万余次,办理涉危废案件1 000余起,罚款1.3亿元。公安机关累计侦破涉危废刑事案件126件,抓获犯罪嫌疑人390人。在2022年3—11月实施的江苏省生态环境专项执法行动计划中,作为六大专项行动之一的土壤、固体废物污染防治源头管控专项行动,工作重点就是检查危险废物产生、收集、贮存、转移、利用和处置情况,危废全生命周期系统落实情况。

上海在危险废物专项整治三年行动工作的基础上,以贯彻落实新标准新规范为契机,以执法检查和整改帮扶为抓手,2023年8—11月进一步深入开展危险废物规范化环境管理专项整治,夯实危险废物相关单位主体责任,防范危险废物环境风险,提升危险废物规范化管理水平。通过扎实开展固体废物(危险废物)领域的执法检查工作,切实提升执法效能。健全以"双随机、一公开"监管为基本手段、以重点监管为补充、以信用监管为基础的新型监管机制,结合生态环境监督执法正面清单管理、企业生态环境信用评价结果,推动差异化执法监管。着力推进智慧执法,全力拓展非现场执法监管,提高生态环境执法精准化、科学化、规范化水平,推动生态环境执法由"人防为主"向"技防优先"的转变。

浙江加强生态环境、住房城乡建设、农业农村、公安、交通运输等部门联合执法,开展"清废行动"专项整治,依法严肃查处环境违法违规行为,强化行政执法与刑事司法、检察公益诉讼的协调联动。加快推进"互联网+监管+协调联动",建立线上监管与线下现场执法协调机制。2021年出台的《浙江省危险废物治理专项行动方案》中突出"强化执法打击",即"联合打击一批非法企业,排查一批非法倾倒问题,查处一批危险废物环境违法案件,铲除一批危险废物黑色产业链条,曝光一批危险废物违法犯罪典型案例,进一步建立健全省际协作机制,实现线索互通,案件共查",并将专项行动方案具体分解为处置设施提升行动、管理手段转型行动、转运全程管控行动、涉危企业整治行动和违法打击震慑行动五大重点任务。

此外,三省一市在执法监管方面同步推进危险废物、工业固体废物企业环境信用评价。将违反环境保护法规的企业纳入生态环境保护领域违法失信名单,依法公开曝光、实施联合惩戒。探索建立危险废物经营单位公开承诺自律机制，对遵守自律承诺的企业实施相应激励，强化企业自律和公众监督。依法推动危险废物重点监管单位投保环境污染强制责任保险。

安徽进一步强化危险废物、工业固体废物执法监管，将其作为生态环境执法"双随机一公开"监管的重要内容，纳入移动执法平台统一执法监管。进一步做好固体废物生态环境行政执法与刑事司法衔接工作。严格落实生态环境损害修复和赔偿制度，加大对固体废物污染环境惩治的力度。2018—2019年，连续两年开展"清废行动"，开展废塑料加工利用行业污染整治，开展机动车维修行业、报废机动车拆解行业危险废物与挥发性有机物污染防治专项整治，开展工业固体废物堆存场所排查整治，开展全省医疗机构废弃物专项整治，开展危险废物专项治理等专项行动。2020年以来安徽持续开展危险废物专项整治三年行动和严厉打击危险废物环境违法犯罪行为等专项行动，始终对固体废物违法犯罪行为保持高压态势，有效防范化解固体废物污染环境风险。

近十年来，长三角地区涉危险废物污染环境案件数量累计超过千件。执法人员不断积累和总结行业特点及执法经验，现场检查时多角度核对，深入挖掘隐蔽线索，成功实现案件从"结果执法"到"过程执法"转型。

在案件办理规则方面，各省市结合危险废物违法犯罪实践，联合办案机关，细化危险废物污染环境犯罪案件办理流程、量刑标准和赔偿细则，为办案人员提升执法司法水平提供依据。

在调查评估技术方面，围绕危险废物违法堆填、尾矿库综合整治等事件，开展基于溯源识别、卫星遥感、模型预测等多手段结合的调查评估体系，阐明固体废物对周边土壤及地下水等环境介质的影响，为客观评价环境损害数额、治理修复等提供支撑。

技术方法篇

2 传统危险废物无害化处置方法

我国在固体废物环境污染防治方面一贯坚持减量化、资源化和无害化的基本原则。

（1）减量化原则，是指从产生危废的源头进行控制，采用清洁的生产工艺，减少危废的产生量。

（2）资源化原则，是指将其中可以回收利用的部分加以充分利用，使其变废为宝，在减轻污染的同时也取得了可观的经济效益。相关技术方法的介绍详见本书第3章内容。

（3）无害化原则，是指将固体废物中不可利用的部分进行无害化处置。危险废物的处置是指将危险废物焚烧或用其他改变固体废物的物理、化学、生物特性的方法，达到减少已产生的危险废物数量、缩小危险废物体积、减少或者消除其危险成分的效果的活动；或是将危险废物最终置于符合环境保护规定要求的填埋场的活动。主要包括焚烧、填埋等措施。

2.1 焚烧法

危险废物的焚烧法处置技术是在一定温度和压力条件下改变废物的物理、化学和生物特性以及物质组成，从而实现危险废物无害化、减量化、资源化的一种技术。在热分解和氧化反应的作用下，危险废物中的C、H组分被转化为CO_2和水蒸气，其他组分如Cl、S等被转化为毒性较弱的酸性气体。焚烧法处理技术在危险废物处理中的应用优势，在于可以彻底破坏危险废物的有害组分和结构；可以最大限度地减少危险废物的体积和质量；回收高热值废物的热量；回收有用的化学物质。焚烧法处理技术主要分为水泥窑协同处置工艺、专业回转窑焚烧处置工艺和高温熔融处置工艺。

1. 水泥窑协同处置

水泥窑焚烧处理危险废物在发达国家已经得到了广泛的认可和应用。随着水泥窑焚烧危险废物理论与实践的发展、各国相关环保法规的健全，该项技术在经济和环保方面显示出了巨大优势，形成了产业规模，在发达国家危险废物处理中发挥着重要作用。中国是水泥生产和消费大国，受资源、能源与环境因素的制约，水泥工业必须走可持续发展之路；同时中国各类废物产生量巨大，无害化处置率低，尤其是危险废物由于其处理难度大，处理设施投资与处理成本高，是中国固体废物管理中的薄弱环节。因此，水泥窑协同处置固体废物在中国有着广泛的发展前景。

水泥窑协同处置是一种新的废弃物处置手段，它是指将满足或经过预处理后满足入窑要求的固体废物投入水泥窑，在进行水泥熟料生产的同时实现对固体废物的无害化处置过程。在固体废物处置方式中，水泥窑协同处置于近期得到行业内人士广泛关注，它是种新的废弃物处置手段，适用范围广，可处理危险废物、生活垃圾、工业固废、污泥污染土壤等。水泥窑协同处置发展趋势迅猛，可以作为一般城市固体废物处置、一般工业固体废物处置和危险固体废物处置的重要补充。

水泥窑协同处置危险废物的工艺流程如图 2.1-1 所示。

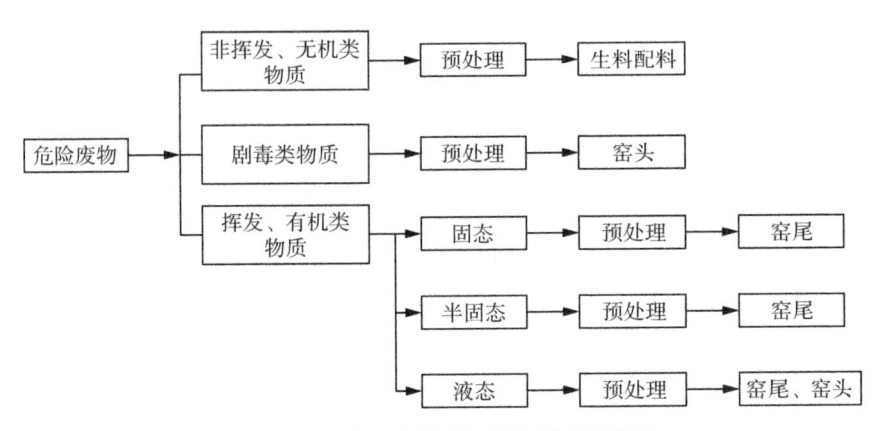

图 2.1-1 危废水泥窑协同处置工艺流程

水泥窑协同处置危废的优势如下：

(1) 焚烧温度高。水泥窑内物料温度一般高于 1 450 ℃，气体温度则高于 1 750 ℃。在此高温下，废物中有机物将产生彻底的分解，一般焚毁去除率达到 99.99% 以上，对废物中有毒有害成分进行彻底的"摧毁"和"解毒"。

(2) 停留时间长。水泥回转窑筒体长，废物在水泥窑高温状态下持续时间长。根据统计数据,物料从窑头到窑尾总停留时间在 40 min 左右,气体在温度大于 950 ℃的停留时间在 8 s 以上,高于 1 300 ℃停留时间大于 3 s,可以使废物长时间处于高温之下,更有利于废物的燃烧和彻底分解。

(3) 焚烧状态稳定。水泥工业回转窑是热惯性很大、十分稳定的燃烧系统。它是由回转窑金属筒体、窑内砌筑的耐火砖以及在烧成带形成的结皮和待煅烧的物料组成,不仅质量巨大,而且耐火材料具有的隔热性能使得系统热惯性增大,不会因为废物投入量和性质的变化,造成大的温度波动。

(4) 良好的湍流。水泥窑内高温气体与物料流动方向相反,湍流强烈,有利于气固相的混合、传热、传质、分解、化合、扩散。

(5) 碱性的环境气氛。生产水泥采用的原料成分决定了回转窑内处于碱性气氛,水泥窑内的碱性物质可以与废物中的酸性物质中和为稳定的盐类,有效地抑制酸性物质的排放,便于其尾气的净化,而且可以与水泥工艺过程一并进行。

(6) 没有废渣排出。在水泥生产的工艺过程中,只有生料和经过煅烧工艺所产生的熟料,没有一般焚烧炉焚烧产生炉渣的问题。

(7) 固化重金属离子。利用水泥工业回转窑煅烧工艺处理危险废物,可以将废物成分中的绝大部分重金属离子固化在熟料中,最终进入水泥成品中,避免了再度扩散。

(8) 全负压系统。新型干法回转窑系统是负压状态运转,烟气和粉尘不会外溢,从根本上防止了处理过程中的再污染。

(9) 废气处理效果好。水泥工业烧成系统和废气处理系统,使燃烧之后的废气经过较长的路径和良好的冷却和收尘设备,有着较高的吸附、沉降和收尘作用,收集的粉尘经过输送系统返回原料制备系统可以重新利用。

(10) 焚烧处置点多,适应性强。水泥工业不同工艺过程的烧成系统,无论是湿法窑、半干法立波尔窑,还是预热窑和带分解炉的旋风预热窑,整个系统都有不同高温投料点,可适应各种不同性质和形态的废料。

(11) 减少社会总体废气排放量。由于可燃性废物对矿物质燃料的替代,减少了水泥工业对矿物质燃料的需求量。总体而言,比单独的水泥生产和焚烧废物产生的废气排放量大为减少。

(12) 建设投资较小,运行成本较低。利用水泥回转窑来处置废物,虽然需要在工艺设备和给料设施方面进行必要的改造,并需新建废物贮存和预处理设施,但与新建专用焚烧厂比较,大大节省了投资。在运行成本上,尽管设备的折旧、电力和原材料的消耗、人工费用提升等使得费用增加,但是燃烧可燃性废物可以节省燃料,降低燃料成本,燃料替代比例越高,经济效益越明显。

利用新型干法水泥熟料生产线在焚烧处理可燃性工业废物的同时生产水泥熟料,属于符合可持续发展战略的新型环保技术。在继承传统烧炉的优点时,有机地将自身高温、循环等优势发挥出来。既能充分利用废物中的有机成分的热值实现节能,又能完全利用废物中的无机成分作为原料生产水泥熟料;既能使废物中的有机物在新型回转式焚烧炉的高温环境中完全焚毁,又能使废物中的重金属固化到熟料中。

20世纪90年代中期以来,随着中国经济的快速增长和可持续发展战略在中国的贯彻实施,北京、上海、广州等特大型中心城市的政府和水泥企业,开始了关于"水泥工业处置和利用可燃性工业废物"问题的研究和工业实践,引起了国家有关部委和水泥行业的重视。1995年5月,北京金隅集团旗下的原北京水泥厂(现北京新北水水泥有限公司)开始用水泥回转窑试烧废油墨、废树脂、废油漆、有机废液等,研发了全国第一条协同处置工业废物环保示范线。2000年1月,北京水泥厂取得了北京市环保局颁发的"北京市危险废物经营许可证",可处理的废弃物的种类涵盖了《国家危险废物名录》(1998年版)中列出的47类危险废弃物中的37类。上海万安企业总公司于1996年开始处置上海先灵葆雅制药有限公司生产氟洛芬产品过程中产生的废液,该公司在1996年就取得了上海市环保局颁发的9种危险废物的处置经营许可证。宁波科环新型建材股份有限公司2004年开展了电镀污泥的水泥窑协同处置业务,年处置电镀污泥2万~3万t。2011年,烟台山水水泥有限公司、太原狮头集团废物处置有限公司、太原广厦水泥有限公司、陕西秦能资源科技开发有限公司、柳州市金太阳工业废物处置有限公司5家企业获得了危险废物经营许可证。华新水泥(武穴)有限公司是目前我国另一家较为成功开展水泥窑协同处置危险废物工程的水泥企业,2007年建成了协同处置工业废物的水泥生产线,取得了湖北省颁发的15类危险废物的处置经营许可证,2011年处置危险废物2 762.79 t。

目前,水泥窑协同处置危险废物企业规模在总焚烧规模中的占比超过50%。水泥窑协同处置危险废物企业平均核准处置规模达到6.09万t/a,是全国危险废物处置企业平均核准处置规模的2倍多。单个企业处置规模排序依次为礼泉海螺水泥有限责任公司20万t/a,河南锦荣水泥有限公司14.6万t/a和红狮集团旗下的浙江红狮环保股份有限公司13万t/a。从开展水泥窑协同处置危险废物的企业(集团)的协同处置能力看,居全国行业前五位的分别为尧柏水泥、海螺水泥、南方水泥、金隅集团(含冀东)、浙江红狮,处置规模分别达到

45.4万t、33.6万t、30万t、29万t和16万t,占到全国总量的65%。

2. 专业回转窑焚烧处置

专业回转窑焚烧是一种基于可燃物质燃烧反应的处理方法。燃烧是可燃物质与氧化剂之间发生的一种伴随着发光发热现象的剧烈氧化反应。在化学上,将氧化定义为物质失去电子的过程,还原则是获得电子的过程。在危险废物专业回转窑焚烧处理领域,焚烧法处理的对象主要是各类危险废物中的有机污染物。

用回转窑焚烧装置处理危险废物具有无害化程度高、减容效果好、资源化率高、占地小等优点,能将危险废物中的有害微生物、病毒等彻底杀死,绝大多数有害化合物被分解为简单的无害的物质,使易燃物质被彻底氧化,达到稳定状态。回转窑焚烧处理设备包括:焚烧系统、余热利用系统、烟气处理系统及附属设施。其中焚烧系统包括焚烧炉及其附属的上料、助燃、除灰渣等设施,焚烧技术的关键是焚烧炉。

焚烧类危险废物常采用的焚烧工艺为"回转窑焚烧炉+尾气处置系统"的工艺方案,流程如图2.1-2。

1) 储存及进料系统

①固体、半固体废物的储存进料。

固体废物由运输车直接卸入焚烧车间前端的垃圾坑内,桶装废物置于桶装废物储存区内,较大件固体废物及桶装废物经破碎机破碎后进入垃圾坑。由抓斗机将固体废物、较大件固体废物、半固体废物、桶装废物等进行混合配伍并送入下料斗中,再由双密封门下料装置及推料装置均匀送入回转窑焚烧。

②提升进料。

通过垂直提升机将桶装废物自动翻入下料通道,经双密封门下料装置及推料装置送入回转窑焚烧。

③废液储存与进料。

根据业主方提供资料,液体废物送入厂区的方式主要是桶装废液,并且将所有液体废物分为废有机溶剂、废农药废液及其他废液三大类。桶装废液经输送泵输送至废液喷枪,经压缩空气雾化后喷入回转窑或二燃室内燃烧。

2) 焚烧系统

①回转窑内的初级焚烧处理。

首先投入燃烧器点火升温,当回转窑温度升至750℃以上才可投入废液燃烧,回转窑及其整个焚烧系统始终处在负压状态下运行,当回转窑温度升至850℃以上时投入固体废物焚烧,固体废物沿着回转窑的倾斜角度和旋转方向

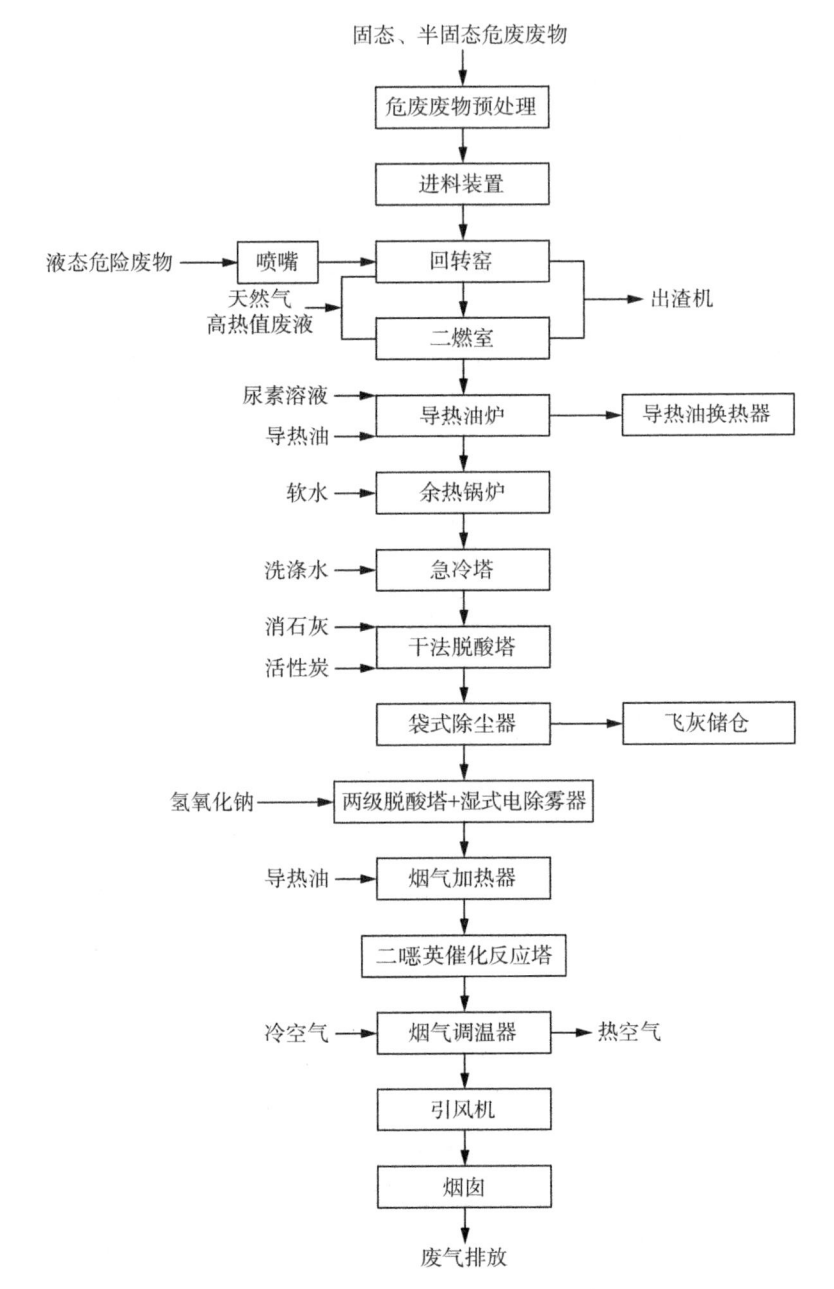

```
                      固态、半固态危废废物
                              ↓
                       危废废物预处理
                              ↓
                         进料装置
                              ↓
液态危险废物 → 喷嘴 →      回转窑       → 出渣机
         天然气 →
       高热值废液 →      二燃室
                              ↓
    尿素溶液 →
    导热油   →         导热油炉       → 导热油换热器
                              ↓
     软水   →          余热锅炉
                              ↓
    洗涤水  →          急冷塔
                              ↓
    消石灰  →
    活性炭  →         干法脱酸塔
                              ↓
                       袋式除尘器      → 飞灰储仓
                              ↓
   氢氧化钠 →     两级脱酸塔+湿式电除雾器
                              ↓
    导热油  →         烟气加热器
                              ↓
                     二噁英催化反应塔
                              ↓
    冷空气  →         烟气调温器      → 热空气
                              ↓
                         引风机
                              ↓
                         烟囱
                              ↓
                        废气排放
```

图 2.1-2　专用回转窑焚烧系统工艺流程图

缓慢移动,经 60～90 min 左右的燃烧时间,焚烧产生的渣从窑内流出,掉进水封刮板出渣机,经水淬冷却后排出。

②二燃室燃烧升温。

回转窑内燃烧后的烟气从窑尾进入二燃室底部,通过二燃室的燃烧器进一步升高烟气温度,将燃烧室温度加热到 1 100 ℃以上,且烟气在二燃室停留 2 s以上,使烟气中的微量有机物及二噁英得以充分分解,分解效率超过 99.99%,确保进入焚烧系统的危险废物充分燃烧完全。

3）余热回收系统

二燃室充分燃烧后的高温烟气由其顶部烟道出口,进入余热系统进行热量回收,余热系统采用导热油炉和余热锅炉组合进行热量回收。导热油炉采用膜式壁油炉,吸收烟气热量,低温导热油得到热量后变成高温导热油,再由导热油换热器降温。余热锅炉换热产生的高温蒸汽供内部及焚烧系统外使用。烟气经过余热系统后,温度由原来的 1 100 ℃以上降至 550 ℃左右进入急冷塔顶部入口。导热油炉内靠近烟气进口位置喷射尿素溶液,将 NO_x 还原成无害的 N_2 和 H_2O,NH_3 不和烟气中的残余的 O_2 反应,使烟气中 NO_x 排放达标。

4）烟气净化及排放系统

①急冷系统。

为避免二噁英的产生,出余热锅炉的烟气在急冷塔内采取喷淋水降温的强制"急冷"措施,将烟气温度在 1 s 内由 550 ℃骤降至 200 ℃以下,以减少二噁英再合成的机会。

②干法脱酸系统。

经过急冷塔后烟气（200 ℃）进入后续的干式反应塔中,在此处加入的消石灰与烟气中的酸性气体进行充分混合,去除烟气中的酸性物质。经过消石灰和烟气中酸性物质的一系列反应使烟气中的 SO_2、HCl、HF 等酸性物质得以去除。同时在干式反应塔出口处烟道内喷入活性炭,对重金属和二噁英进行低温吸附去除,使用 200 目以上的活性炭,以保证比表面积和吸附能力,活性炭添加为连续作业,并可根据需要控制活性炭的添加量。

③袋式除尘系统。

完全反应后的飞灰及部分未反应的消石灰随烟气一起进入布袋除尘器,消石灰和飞灰在布袋除尘器内被吸附在滤袋的表面,在此与烟气中的酸性组分继续反应,提高了脱酸的效率并提高了消石灰的利用率。飞灰从布袋除尘器底部排出,由灰桶收集送至飞灰储存区。在袋式除尘器滤袋表面,活性炭对烟气中的重金属类物质和二噁英类物质进行吸附,随除尘器排灰去除。

④湿法脱酸系统。

烟气从布袋除尘器依次进入两级脱酸塔,洗涤塔为空塔,逆流喷射的循环碱液去除烟气中的 HCl 等易溶于水的酸性物质;中和塔为填料塔,逆流喷射的循环碱液主要去除烟气中的 SO_2 等物质。通过两级脱酸,可以确保排放烟气中酸性物质的连续稳定达标排放。

⑤湿式电除雾器系统。

两级脱酸后的烟气中含有一定量的水雾、盐分、酸雾、气溶胶、粉尘等物质,同时这些污染物中吸附有一定量的重金属类物质和二噁英类物质,如果直接排放,存在某些指标超标排放的可能。为确保各类污染物的连续稳定达标排放,在湿式脱酸后设置湿式电除雾器,对这些物质进行有效去除,对烟气进行深度净化处理,实现各类污染物质的超低排放,同时满足排放标准不断严格的要求。

⑥烟气加热器提高排烟温度。

湿式电除雾器排出的烟气,温度偏低,通过烟气加热器加热至 130 ℃ 以上,满足二噁英催化反应塔工作要求。烟气加热器使用导热油作为热源。

⑦二噁英催化反应塔。

经烟气加热器加热后,烟气温度达到 180 ℃ 以上,满足二噁英催化剂工作温度要求。在此处,烟气中的气溶胶类二噁英物质,被催化分解为 HCl、H_2O、N_2 等。

⑧烟气调温器。

经二噁英催化反应塔后的烟气,利用烟气调温器控制排放烟气温度在 130 ℃ 以上。烟气调温器为间接换热设备,采用空气-烟气换热器,利用冷空气将烟气温度降低到满足烟气消白雾要求,产生的热风高空排放,烟气通过烟囱排放,避免造成污染。

⑨排放系统。

经烟气净化系统处理后的烟气中的污染物完全达到排放标准,通过引风机送往烟囱排入大气。

5) 炉渣及飞灰收集系统

废物在焚烧炉经高温焚烧后产生物理和化学变化,成为无害的残渣。残渣通过料斗接口进入水封刮板出渣机,水封刮板出渣机槽内灌满冷却水。残渣进入水中后迅速冷却,由水封刮板出渣机连续输出,通过废渣输送机送到渣场。导热油炉、余热锅炉的飞灰、被密闭灰箱收集,急冷脱酸塔底部飞灰放入灰箱,布袋飞灰斗底部进入灰箱或吨袋,由送灰车运送至专门接受单位进行处理。

3. 高温熔融处置

高温熔融处置主要包括等离子熔融处置和富氧/纯氧燃烧熔融处置两大技

术路线,所处置的危险废物包括生活垃圾焚烧飞灰、废盐等无机类及医废、其余可燃危险废物等,高温熔融处置无法处置废液及含易挥发重金属类危废,由于富氧/纯氧燃烧熔融处置技术在国际国内实际投用的项目较少,本书仅讨论等离子体熔融处置技术。

高温熔融处置系统主要包括等离子熔融系统、余热回收系统及烟气处理系统,本节主要介绍等离子熔融系统,余热回收和烟气处理系统与危废回转窑焚烧处置系统类似,本节不再赘述。

等离子体是气体电离后形成的由电子、离子、原子、分子或自由基等极活泼粒子所组成的集合体,被称为物质的第四态,包括冷和热两种类型。冷等离子体的离子化程度和能量密度较低,一般在室温状态下即可激发,常用于分解气态的有害有机物。热等离子体则具有极高的温度和能量密度,可以通过多种方式激发,如交、直流电弧放电、射频放电、常压下的微波放电,以及激光诱导的等离子体等。目前,通常采用直流热等离子体炬或耦合式射频热等离子体炬来处理危险垃圾。

图 2.1-3 是一种非转移弧直流热等离子体发生器的结构原理图。工作气体从阴、阳极的切向进气口高速进入阴阳电极所包围的弧室并通过高温电弧时,气体分子被电离,进而形成高达数万度的等离子体射流。

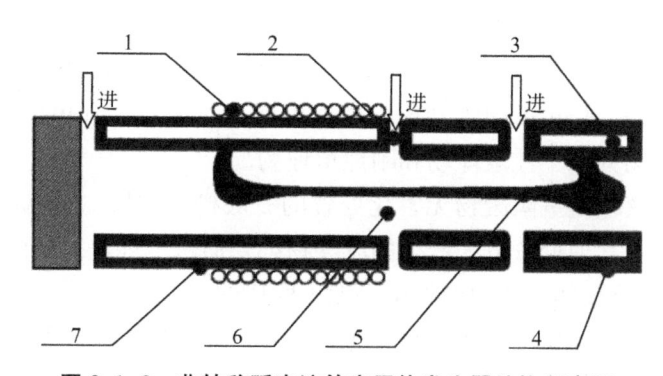

图 2.1-3 非转移弧直流等离子体发生器结构示意图
1—线圈;2—切向进气口;3—冷却水通道;4—阳极;5—电弧;6—弧室;7—阴极

高温等离子体熔融危废焚烧技术在危废处理领域已展现出巨大的优势和市场前景,其高效清洁处理处置危废工艺过程不仅能够实现大气环境的近零排放,而且其熔渣能被高效利用;危废的化学能、高温烟气的物理能能够高效回收利用;各种有机、无机污染物,重金属和二噁英等能够高效脱除,污染物排放能够达到严格的危废排放标准。中国的固废、液废、危废产量是世界第一,又面临严重的资源紧缺。高温等离子危废还原熔融技术符合我国"循环经济"的能源发展战略,具有巨大的危废市场处理量。该技术的应用能够实现变废为宝,净化环境,实现循环经济可持续性发展。

目前,利用高温等离子体技术实现危废的高效清洁处置商业化技术仍处于早期运用阶段。尽管一些工业规模的等离子体高温熔融技术取得了一些进展,但是仍然面临高端技术开发瓶颈。尽管等离子体高温熔融技术的可行性已经在危险废物的处理过程中得到技术验证,但是该技术的规模化发展仍然进展缓慢,运行成本仍然较高。在某些情况下,管理不善和经济性的限制已成为制约热等离子体技术发展的主要障碍。然而,危废的高温等离子体处理能够显著减少填埋量,其副产品具有较高的附加值和利用价值,高温等离子危废热解获得的合成气可作为能源,废物中的某些稀有金属能够回收。这些优点将大大促进等离子体高温还原熔融技术在处理危废方面的商业化进程。随着工业化、商业化和规模化进程的加快,危废清洁化、无害化、资源化处置技术和装备的开发,预期在给开发商带来可观利润的同时,也能给社会、经济、环保带来显著的效益。

2.2 填埋法

危险废物填埋场是处置危险废物的一种陆地处置设施,通过采用与危险废物相容的人工材料,构筑具有一定容量的封闭空间,将无法完全无害化处理并返回自然或社会环境中的固体废物进行填埋,最大程度阻断危险废物与环境的联系,待未来技术成熟时,可回收利用。根据填埋场防渗系统和填埋结构,可以将危险废物填埋场分为柔性填埋场和刚性填埋场。

危险废物填埋是危险废物无害化处置的兜底措施,其他方式无法处理处置的危险废物以及其他处置方式产生的废弃物都要通过填埋进行最终消纳。目前阶段,填埋在危险废物处置中的地位是无可取代的。

我国危险废物填埋场的历史可追溯至1993年深圳清水河大爆炸事故所产生的大量危险废物催生建设的第一个危险废物安全填埋场。2001年,《危险废物填埋污染控制标准》(GB 18598—2001)发布实施,与国家发布的其他一系列危险废物填埋场的建设规范、标准和技术政策,对危险废物填埋场的建设和污染防治发挥了积极作用;在此期间,柔性填埋场是我国危险废物填埋场的主要形式。2003年,国家发改委和原环保总局出台《全国危险废物和医疗废物处置设施建设规划》提出,3年内规划建设31座综合性危险废物处置中心,危险废物年产生量大于1万t的企业也需要建设危险废物处置设施,这加速了全国危险废物安全填埋场的建设。2019年,根据填埋场建设运营经验,《危险废物填埋污染控制标准》(GB 18598—2019)修订发布,进一步完善了填埋场设计、施工与质量保证以及废物入场要求,此外提出了设计寿命期的概念以及退役后废物二次处置等要求,防范填埋全生命周期环境风险。2020年后,受填埋能力富余、选址困难、填埋减量化等因素影响,各地危险废物填埋场的建设步伐逐渐放缓,新建设施以刚性填埋场为主。

危险废物填埋场通常由若干个处置单元和构筑物组成,主要包括接收与贮存设施、分析与鉴别系统、预处理设施、填埋处置设施(其中包括:防渗系统、渗滤液收集和导排系统)、封场覆盖系统、渗滤液和废水处理系统、环境监测系统、应急设施及其他公用工程和配套设施。

其中,柔性填埋场是采用双人工复合衬层作为防渗层的填埋处置设施,双人工复合衬层中人工合成材料应为厚度不小于2.0 mm的高密度聚乙烯膜(HDPE膜),并满足《垃圾填埋场用高密度聚乙烯土工膜》(CJ/T 234—2006)规定的技术指标要求,如图2.2-1所示。柔性填埋场对地质条件要求较高,根据目前的规范要求,柔性填埋场防渗结构底部应与地下水有记录以来的最高水位保持3 m以上的距离;不应选在高压缩性淤泥、泥炭及软土区域;场址天然基础层的饱和渗透系数不应大于1.0×10^{-5} cm/s,且其厚度不应小于2 m。受限于此,长三角区域的柔性填埋场选址建设受到了较大限制。此外,柔性填埋场不允许接收含水率≥60%、水溶性盐总量≥10%、有机质含量≥5%、砷含量>5%的危险废物,入场废物受限,且大部分废物需作预处理,渗漏污染控制极其困难,对建设质量和运行管理要求极高,发现渗漏困难,修复难度较大,回取利用困难,后期费用(包括维护费用、修复费用、退役后管理费用等)较高。

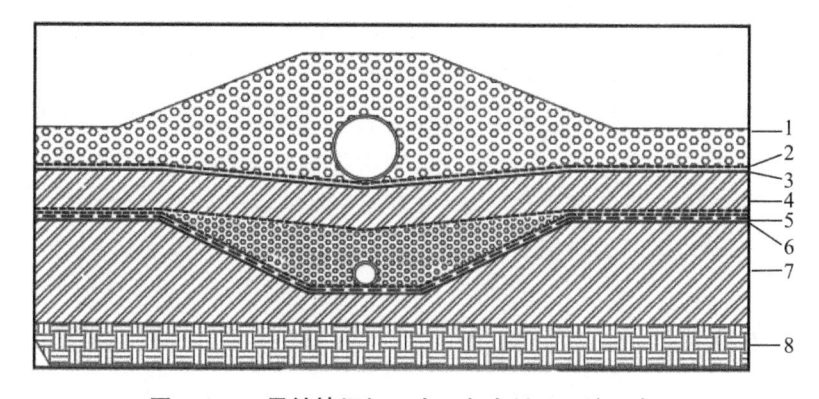

图2.2-1 柔性填埋场双人工复合衬层系统示意图

1—渗滤液导排层;2—保护层;3—主人工衬层(HDPE);4—压实黏土衬层;5—渗漏检测层;6—次人工衬层(HDPE);7—压实黏土衬层;8—基础层

刚性填埋场则是采用钢筋混凝土作为防渗阻隔结构的填埋处置设施。其建设不受地下水位、天然基础层等场址建设条件限制，场址限制条件少；可接收含水率≥60%、水溶性盐总量≥10%、有机质含量≥5%、砷含量>5%等柔性填埋场不允许接收的危险废物；后期管理难度较小，有利于回取利用，建设难度和运行管理要求低，但其建设成本较高。如图2.2-2所示。

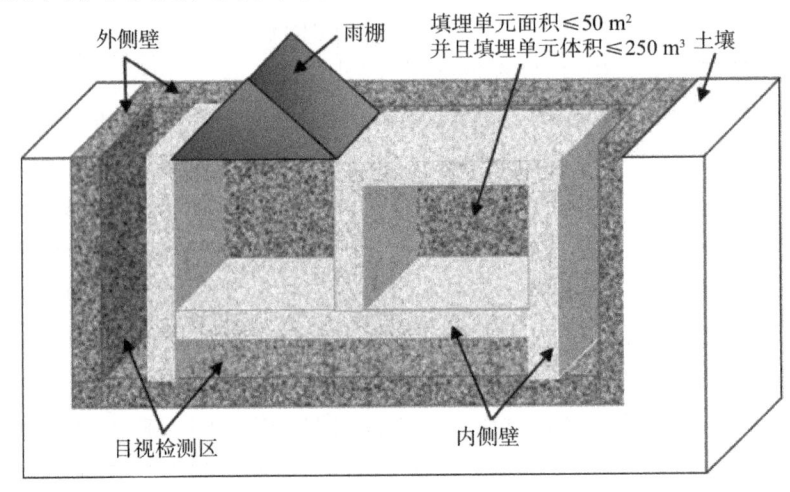

图 2.2-2　刚性填埋场示意图

截至2022年底，安徽省核准危险废物填埋经营能力约24.09万 t/a，填埋设施产能负荷率为34%，能力相对富余，安徽省生态环境厅已发布引导性公告，建议谨慎投资新建危险废物填埋项目。江苏省核准危险废物填埋经营能力约54.3万 t/a，填埋废物以焚烧处置残渣为主；随着《江苏省全域"无废城市"建设工作方案》的印发实施，各地正积极行动，减少填埋量。浙江省危险废物填埋能力约114.64万 t/a，当前设施可满足近远期填埋处置需求，但考虑兜底保障需要，到2030年，拟新建部分刚性填埋场设施。上海市核准危险废物填埋经营能力约22.9万 t/a，实际填埋22.3万 t，其中含生活垃圾焚烧飞灰20.6万 t；为减少飞灰填埋规模，上海提出了到2025年年底，力争将生活垃圾焚烧二次污染物填埋率控制在2%以下的目标。

2.3　物化法

物化处理是将液态危险废物（含部分固态）经物理、化学方法处理后，降低其至解除其毒性、腐蚀性或反应性，为危险废物的下一处理工序提供有利条件。物化处理在危险废物的集中处置过程中大都用作前处理措施，但其处过程中产生的各类次生废物,如化学污泥、废油渣等,需采用稳定化/固化、焚烧、安全填埋等处置方式,因此物化处理很难作为危险废物的最终处置技术。

物化处理主要处理对象为液态类危险废物,《国家危险废物名录》中约有18大类危险废物可采用物化处理方式进行处理,但并非所有大类中各小类均可采用物化处理。这18大类危险废物为热处理含氰废物(HW07)、废矿物油与含矿物油废物(HW08)、油/水与烃/水混合物或乳化液(HW09)、精(蒸)馏残渣(HW11)、染料与涂料废物(HW12)、感光材料废物(HW16)、表面处理废物(HW17)、含铬废物(HW21)、含铜废物(HW22)、含锌废物(HW23)、含铅废物(HW31)、无机氟化物废物(HW32)、无机氰化物废物(HW33)、废酸(HW34)、废碱(HW35)、含有机卤化物废物(HW45)、其他废物(HW49)、废催化剂(HW50)等。通过对产废相关行业的相关资料进行调研,可物化处理的典型危险废物基本特征如表2.3-1所示。

表2.3-1 可物化处理的典型危险废物基本特征

处理对象	基本特征
HW09 废乳化液	乳化液又被称作冷却液、润滑液,品种繁多,作用各异,大致分为切削油、乳化油、水基切削液等,基本上都是水、乳化油和化学添加剂(如油性剂、乳化剂、润滑剂、防锈剂)配制而成。乳化液使用一段时间后,各种性能降低,品质劣化,需要更换。生产过程中产生的废皂液、乳化油混合物、乳化液(膏)、切削液、冷却剂、润滑剂、拔丝剂等,在机械加工和金属表面处理过程中循环使用至腐败变质后废弃排放,形成废乳化液。废乳化液具有含油量高、有机物浓度高、色度高、成分复杂等特点,水质呈弱碱性,伴有恶臭,并含有苯并芘、多氯联苯、多环芳烃等有毒和致癌物质,进入环境后能通过生物作用富集,危害人类健康
HW11 精(蒸)馏残渣	精(蒸)馏残渣一般指化工生产精馏或蒸馏分离过程中,残留于反应塔、釜的高沸点组分,颜色深,具有明显的刺激性气味,含有大量杂质和有毒有害物质,通常是黏稠液体或固体,大多含有芳香族化合物(苯)、烃基化合物、烃类衍生物(酚、醛、酸、醇)和焦油等成分。主要产生于纯碱工业、炼焦制造、基础化学原料制造、常用有色金属冶炼等行业
HW12 染料、涂料废物	染料、涂料废物是指从油墨、染料、颜料、油漆、真漆、罩光漆的生产配制和使用过程中产生的废物。常见具有危害性的主要有废酸性染料、碱性染料、媒染染料、偶氮染料、直接染料、冰染染料、还原染料、硫化染料、活性染料、醇酸树脂涂料、丙烯酸树脂涂料、聚氨酯树脂涂料、聚乙烯树脂涂料、环氧树脂涂料、双组分涂料、油墨、重金属颜料等种类
HW17 表面处理废物	表面处理废物来源于金属表面处理及热处理加工行业。主要包括镀锌、镀铜、镀铬、镀镍等电镀工艺产生的废槽液,金属和塑料表面酸洗、除油、除锈、洗涤、磷化、出光、化抛工艺产生的废腐蚀液、洗涤液和废槽液,以及镀层剥离过程产生的废液

续表

处理对象	基本特征
HW34 废酸、HW35 废碱	废酸来源于钢材深加工产生的废酸性洗液,使用酸溶液进行电解除油、酸蚀、活化前表面敏化、催化、锡浸亮产生的废酸液,PCB行业使用酸浸蚀剂进行氧化物浸蚀产生的废酸液。使用硝酸进行钝化产生的废酸液,使用硝酸剥落不合格镀层和挂架金属镀层产生的废酸液,使用酸进行电解除油、金属表面敏化产生的废酸液,使用酸清洗产生的废酸液。常接收的废酸为废盐酸、废硫酸、废硝酸、其他杂酸。 废碱来源于使用碱进行清洗除蜡、碱性除油、电解除油产生的废碱液,使用碱溶液碱性清洗、图形显影产生的废碱液,使用碱进行电镀阻挡层或抗蚀层的脱除产生的废碱液,使用碱进行氧化膜浸蚀产生的废碱液,使用氢氧化钠进行丝光处理过程中产生的废碱液等

危险废物常用的物化处理方法如下:

1) 化学沉淀法

化学沉淀法是指向废水中投加某种化学物质,使它和水中某些溶解物质产生反应,生成难溶于水的盐类沉淀下来,从而降低水中这些溶解物质的含量。沉淀法常用于处理含六价铬、铅、铜、铅、砷等有毒化合物的废液。

水中难溶解盐类服从溶度积原理,即在一定温度下,在含有难溶盐的饱和溶液中各种离子浓度的乘积为一常数,也就是溶度积常数。为去除废液中的某种离子,可以向水中投加能生成难溶解盐类的另一种离子,使两种离子浓度的乘积大于该难溶解盐的溶度积,形成沉淀,从而降低污水中的这种离子的含量。危险废液物化处理最常用的两种沉淀方法为氢氧化物沉淀法及硫化物沉淀法。

2) 化学氧化还原法

(1) 氯氧化法。

以氯气、氯的含氧酸及其钠盐、二氧化氯等作为氧化剂的氧化反应一般称为氯氧化法,这些氧化剂称为氯系氧化剂。在危险废物物化处理中最常见的氯系氧化剂为氯的含氧酸钠盐,如次氯酸钠,特别是含氰废物的处理。

(2) 臭氧氧化法。

臭氧(O_3)是氧的同素异形体,在常温、常压下是一种淡蓝色气体,具有特殊气味,有毒性。臭氧水溶液的稳定性差,含量为1%以下的臭氧,在常温常压的空气中分解半衰期为20~30 min。随着温度的升高,分解速度加快,温度超过100 ℃时,分解非常剧烈,达到270 ℃高温时可立即转化为氧气。臭氧水溶液的稳定性受水中所含杂质的影响较大,特别是有金属离子存在时臭氧可迅速分解为氧。

臭氧的氧化能力很强,在酸性溶液中其标准电极电势为2.07 V,氧化能力仅次于氟；在碱性溶液中，其标准电极电势为 1.24 V，氧化能力略低于氯。在理想的反应条件下，臭氧可把水溶液中大多数单质和化合物氧化到它们的最高氧化态，对水中有机物有强烈的氧化降解作用。由于臭氧很不稳定，故通常在现场制备，当场使用。

通过臭氧氧化处理废液后，在排出的尾气中往往含有微量的臭氧，需利用自然通风或强制通风将尾气排放至安全地点，或采用活性炭吸附或通过加热促使臭氧快速分解。

（3）化学还原法。

在含铬废物（HW21）的物化处理中，主要污染成分为 Cr^{6+}，一般采用化学还原法降低毒性，并为污染物的后续去除创造条件。

含铬废液中剧毒的六价铬（$Cr_2O_7^{2-}$ 或 CrO_4^{2-}）可用还原剂还原成毒性极微的三价铬。常用的还原剂有亚硫酸氢钠、二氧化硫、硫酸亚铁。还原产物 Cr^{3+} 可通过加碱至 pH 7.5～9 使之生成难溶的氢氧化铬沉淀，而从溶液中分离除去。

3）芬顿氧化法

芬顿氧化法是一种典型的高级氧化技术（Advanced Oxidation Processes，AOP），是通过产生具有强氧化能力的羟基自由基（HO·）进行氧化反应去除或降解污染物的方法。芬顿氧化法主要用于将大分子难降解有机物氧化降解成低毒或无毒小分子物质的水处理场所，而这些难降解有机物不能采用如氧气、臭氧或氯等常规氧化剂氧化。除了氟以外，羟基自由基的氧化能力最强，可诱发一系列反应使溶解性有机物最终矿化。

芬顿氧化法利用芬顿试剂对水中的还原性污染物进行氧化，芬顿试剂是 1894 年由 Fenton 首次开发并应用于苹果酸的氧化，其典型组成为过氧化氢（H_2O_2）和 Fe^{2+}。其作用机理是 H_2O_2 在 Fe^{2+} 的催化作用下产生 HO·，HO· 与有机物进行一系列的中间反应，并最终将其氧化为 CO_2 和 H_2O。

Fenton 试剂可以氧化水中的大多数有机物，适合处理难以生物降解和一般物理化学方法难以处理的废水。由于 Fenton 法需要添加亚铁离子，残留的铁离子可能使处理后的废水带有颜色，通常可以利用化学沉淀方法去除铁离子，将产生的含铁污泥从水中分离。由于铁离子兼具混凝效果，在降低水中铁离子浓度的同时也可去除部分有机物。Fenton 氧化法具有反应速度快、操作简单等特点，但普通 Fenton 氧化法的有机物矿化程度不高，运行时消耗较多的 H_2O_2，从而提高了处理成本。

4）电解法

电解质溶液在直流电流作用下,在两电极上分别发生氧化反应和还原反应的过程叫作电解。直接或间接利用电解槽中的电化学反应,可对废液中的污染物质进行氧化处理、凝聚处理等。

(1) 电解氧化法。

电解槽的阳极既可通过直接的电极反应过程,使污染物氧化破坏(如 CN^- 的阳极化),也可通过某些阳极反应产物(如 Cl_2、ClO^-、O_2、H_2O_2 等)间接地氧化破坏污染物(例如阳极产物 Cl_2 可除氰、除色)。实际上,为了强化阳极的氧化作用,往往投加一定量的食盐,进行所谓的"电氧化",此时阳极的直接氧化作用和间接氧化作用往往同时起效果。

电化学氧化法可用于除氰,也可用于含酚、含硫化合物(S^{2-}、有机硫化物)、有机磷化合物等污染物的去除。在处理这些废液时,一般均可投加一定量的食盐以增加溶液导电性,食盐的加入,还因 Cl^- 在阳极放电,可产生氯氧化剂,增强阳极的氧化作用。通过试验确定适宜的电流密度、食盐投加最佳电解时间,可对废液的 COD 进行有效降解。

(2) 电解絮凝法。

电解絮凝是以铝、铁等金属为阳极,在直流电的作用下,阳极被溶蚀,产生 Al^{3+}、Fe^{2+} 等离子,再经一系列水解、聚合及 Fe^{2+} 的氧化反应,形成各种羟基络合物、多核羟基络合物以及氢氧化物,使废水中的胶态杂质、悬浮杂质凝聚沉淀而分离。同时,带电的污染物颗粒在电场中泳动,其部分电荷被电极中和而促使其脱稳聚沉。废液进行电解絮凝处理时,用铝电极比铁电极好,因形成 $Fe(OH)_3$ 絮凝体要先经过 $Fe(OH)_2$,故比较慢,而形成 $Al(OH)_3$ 则快得多。

废水进行电解絮凝处理时,不仅对胶态杂质及悬浮杂质有凝聚沉淀作用,而且由于阳极的氧化作用和阴极的还原作用,能去除水中多种污染物。电解絮凝比起投加凝聚剂的化学凝聚来,具有一些独特的优点:可去除的污染物范围广;反应迅速;适用的 pH 范围宽;所形成的沉渣密实,澄清效果好。

5）离子交换法

离子交换法是借助于离子交换剂上的可交换离子与废液中的离子间发生交换而除去废液中有害离子的方法。离子交换剂可分为无机离子交换剂和有机离子交换剂两类,前者如天然沸石和人造沸石等;后者是一种高分子聚合物电解质,称为离子交换树脂,它是使用最广泛的离子交换剂。

离子交换操作是在装有离子交换剂的交换柱中以过滤方式进行的,整个工艺过程一般包括过滤(工作交换)、反洗、再生和清洗 4 个阶段。这 4 个阶段依次进行，形成不断循环的工作周期。

一般离子交换法主要用于含重金属废液的末端水质控制，危险废物进料浓度波动较大，若经氧化、还原、絮凝、沉淀、蒸发浓缩等处理后的重金属废液仍不能达到出水水质标准，则需经离子交换法进一步去除污染物。用离子交换法处理含铬废水，不论是单独使用还是在闭路循环系统中与其他单元操作组合使用，都已被广泛应用。

在现阶段的危险废物处理技术中，物化处理发挥着至关重要的作用和价值。针对不同类别的废液，相关技术人员应根据物料的性质和处理标准，合理制定处理方案。在危险废物处置中心的实际运营过程中，应不断完善和优化处理流程，明确操作注意事项，使物化处理充分发挥减量化和无害化的作用。

3 危险废物综合利用技术

"废物是放错了地方的资源",危险废物综合利用技术是指在从危险废物中提取物质作为原材料或者燃料的基础上,通过回收有价值的成分,达到危险废物减量化,最终实现循环利用。危险废物综合利用现阶段主要根据下游可利用企业的需求、产品需求以及水泥窑等无害化处置余量进行综合利用,但由于不同类别间危险废物产生量、物化性质等具有明显的差异性,其收集程度、综合利用方式截然不同,使得综合利用的技术成本与经济成本较高,因此危险废物的综合利用应围绕技术革新、降低成本、完善标准、政策支持等方面进行发展。本章节重点对废包装容器、废无机酸、废活性炭、废有机溶剂、废矿物油、飞灰、含稀贵金属、废线路板以及含铜蚀刻废液的综合利用技术进行了介绍。

3.1 废包装容器综合利用技术

废包装容器综合利用技术即根据下游企业用户的需求,通过对废包装容器分类、清除残液、化学清洗及破碎系列工艺流程,对废包装容器进行再利用。

废包装容器综合利用主要可分为清洗再利用及破碎清洗再利用两种方法。具体主要根据下游企业的需求,决定合理的废包装容器综合利用方式。

1. 清洗再利用

(1) 酸液废包装容器清洗。采用碱液清洗剂进行清洗,向包装桶清洗机内注入适量 NaOH 溶液,利用酸碱中和溶解去除桶内残酸,测定桶内碱液 pH 以判定桶内残酸清洗去除效果,然后沥出桶内清洗碱液;再用高压清水进行内外壁清洗;最后向桶内注入适量高压清水冲洗,测定清洗水 pH 接近中性为止。

(2) 碱液废包装容器清洗。采用酸液清洗剂进行清洗,向包装桶清洗机内注入适量 HCl 溶液,使酸液与桶内壁充分接触,利用酸碱中和溶解去除桶内残碱,测定桶内酸液 pH 以判定桶内残碱清洗去除效果。

（3）废矿物油包装容器清洗。采用碱液＋合成表面活性剂联合清洗工艺，利用包装桶清洗机进行清洗，向桶内注入适量 NaOH 溶液＋合成表面活性剂，使清洗剂与桶内壁充分接触润湿，利用合成表面活性剂亲水亲油基的表面张力及碱液的皂化联合作用去除桶内残留废矿物油，清洗水槽浮油采用吸油毡吸附处理，然后沥出桶内清洗液；再用高压清水进行内外壁清洗，桶内沥干后再用少量高压清水冲洗内壁。目测或用棉纱条检验清洗洁净程度是否满足清洗技术要求。

（4）废溶剂类包装容器清洗。对于具有水溶性特征的溶剂，采用 NaOH 溶液＋合成表面活性剂联合清洗工艺，首先向包装桶清洗机内注入适量清洗剂，利用化学助剂良好的水溶性进行清洗去除桶内残留液，然后沥出桶内清洗液；再用高压清水进行内外壁清洗；最后用适量高压清水冲洗内壁。目测或用棉纱条检验清洗洁净程度是否满足清洗技术要求。对于清洗非水溶性特征的溶剂，采用碱液＋工业乙醇联合清洗工艺。首先向包装桶清洗机内注入适量 NaOH 溶液，利用 NaOH 溶液的皂化作用去除桶内沾染的大部分残留废液；倾出碱液沥干桶后再向桶内注入工业乙醇，进一步清洗去除桶内沾染残留废液，倾出乙醇液沥干桶；再用高压清水进行内外壁清洗，测定清洗水 pH 接近中性为止。

2. 破碎清洗再利用

根据废包装容器的材质，可分为金属破碎清洗再利用及塑料破碎清洗再利用。

（1）金属破碎清洗再利用。

利用皮带输送机将需破碎的金属桶输送至撕碎机内进行撕碎处理。将金属桶撕裂成尺寸 5~10 cm 的金属件，便于清洗。撕碎后的湿物料与部分杂质经密闭传动装置送入滚筒式清洗机内进行清洗。经清洗后的金属件通过链板输送机输送至团粒机，将物料破碎、团粒。

团粒后的金属件经链板输送机输送至辊筒磁选机进行磁力分选。辊筒磁选机可将铁质与非铁质物料分离，磁选过程中金属物料由磁芯装置吸附，传送至下游第二道滚筒清洗机，对金属件进一步漂洗净化。金属件从漂洗工序出料后，表面附着少量水分，采用振动筛振动脱水方式，脱去金属件表面附着的水分。

（2）塑料破碎清洗再利用。

物料通过橡胶输送带将物料提升至撕碎机进料口，把包装容器撕裂成尺寸 5~10 cm 的塑料片。在进入破碎机前塑料片进行喷淋预洗，湿物料进入破碎机，物料被锤磨、粉碎，最后从出料口排出送入摩擦清洗机内，随后进入第二道摩擦清洗，进一步对塑料片进行摩擦漂洗净化，然后甩干脱水，使塑料片干燥。

废包装容器综合利用的整体难度较小，主要在于利用前须对废包装容器进行分类破损及清除残液，因此如何高效的去除残液、清洗破损容器很大程度上决定了废包装容器的综合利用效率。

3.2 废无机酸综合利用技术

废无机酸主要包括无机酸生产过程中产生的废酸液以及利用无机酸进行原料及产品的酸洗、钝化、剥离等表面处理产生的废酸液。废无机酸具有腐蚀性大、毒性大、易积累、不稳定、热值低、易流失等特点,如不加以妥善处理,任意堆放,将引起严重的二次污染;其次,废无机酸中剩余的无机酸及其中的金属元素,具有一定的经济价值,是一种廉价的二次可再生资源。

废无机酸综合利用是指从废无机酸中提取有价值无机物作为原材料或以无机酸作为替代材料的活动。常用的工艺包括浓缩回收法和工艺替代酸法。其中浓缩回收工艺包括蒸发浓缩及膜浓缩;工艺替代酸指利用废无机酸中可利用组分生产某些产品,常见产品有净水剂(包括三氯化铁、聚硫酸铁和聚合氯化铝)、硫酸铵、铁黄、铁黑以及过磷酸钙磷肥。其中浓缩回收工艺设备较为先进,生产的废气和废水比较容易控制,但由于废无机酸成分波动较大,导致该工艺设备耗材需要经常更换,增加了系统运行费用;工艺替代酸工艺成熟,设备投资较少,常规污染物控制容易达标,但由于无法对废无机酸中重金属污染物向综合利用产物中的迁移进行监测,综合利用产物的使用存在一定的环境风险。总体而言,废无机酸综合利用行业技术工艺基本成熟,但缺乏相应的行业污染控制标准来规范企业生产,降低废无机酸综合利用过程中的环境风险。

1. 再生回收法

再生回收法是指通过过滤、蒸馏、置换、电解、膜分离等手段提高废酸浓度,或回收废酸中的高价值金属元素或其他物质的工艺方法。具体工艺适用性分析见表3.2-1。再生回收法主要综合利用产物为再生酸和金属盐类化合物。

表3.2-1 再生回收法工艺适用性分析

利用处置方法	方法描述	具体工艺类型	适用处理废酸的来源行业	综合利用产物
再生回收法	通过过滤、蒸馏、置换、电解、膜分离等手段提高废酸中的酸浓度,或回收废酸中的高值金属元素或化学物质	吸附、过滤	线路板、PCB板	再生酸
		蒸馏回收硝酸、硫酸、磷酸等	线路板、PCB板	再生酸

续表

利用处置方法	方法描述	具体工艺类型	适用处理废酸的来源行业	综合利用产物
再生回收法	通过过滤、蒸馏、置换、电解、膜分离等手段提高废酸中的酸浓度,或回收废酸中的高值金属元素或化学物质	化学回收(电解/置换/氧化还原回收铜、镍、铅、锡)	线路板、PCB板、钢丝绳酸洗	硫酸铜、硫酸镍、再生铅、硫酸锡、氯化亚锡
		膜分离回收	液晶面板酸洗、机械行业酸洗	再生酸

(1) 吸附过滤法。

吸附过滤法指利用吸附材料吸附废无机酸中的有机物杂质和金属杂质离子,实现废无机酸的再生。常用的吸附材质有:树脂、硅藻土、膨润土、沸石及活性炭等。阮梁枫等研究人员通过化学改性膨润土,显著提升了其对废酸中特定污染物的吸附性能,但吸附后的材料处置和再生仍然存在问题,所以制约了其广泛应用。无锡市某企业采用树脂吸附回收的85%磷酸满足工业磷酸产品标准。

(2) 蒸馏回收法。

蒸馏回收法是利用不同酸之间、酸与杂质之间的沸点差,通过加热实现酸回收的工艺,多用于废硫酸、废磷酸的回收。废硫酸采用逆流多效蒸发浓缩后浓度可达92.5%,废磷酸经两次浓缩后浓度可达75%以上。蒸馏多与萃取、离子交换等除杂工艺并用,无锡某企业采用蒸、精馏工艺回收硫酸铵、磷酸,自动化程度高,产物可满足现行产品标准。

(3) 膜分离回收法。

膜分离技术是一种使用选择性透过膜实现酸、盐及其他杂质分离的技术,周昊等研究发现纳滤膜能够有效分离盐酸和铝离子,分别实现了酸和金属的回收;宋宇等通过去除废酸中的硫酸亚铁将酸浓度为20%的钛白废酸浓缩到60%。淮安某企业采用微滤+扩散渗析回收不锈钢加工企业产生的废酸,其再生酸可降级利用,市场行情较好。

2. 工艺替代酸法

工艺替代酸法是指利用废酸残余的酸性、氧化性或有价元素来替代原料酸进行水处理剂、肥料或其他化学物质生产的工艺方法,该法既能处理废物又能重复利用资源,主要综合利用产物为水处理剂、肥料和金属及金属盐类化合物。

(1) 水处理剂生产工艺。

利用废酸制作水处理剂的基本原理是利用废酸中本身含有的铁离子、铝离子、酸等成分,在进行处理加工后得到酸性的水处理剂,该方法可有效利用废酸中残留的铁、铝及酸度,是目前江苏省内废酸综合利用的主要方式。江苏省

85%以上水处理剂生产企业不具备有害杂质去除工艺,因此,该方法只适用于钢的精制过程中的废酸洗液等含有铁离子的废酸及含其他重金属较单一的钢丝绳企业废酸等,对于电子行业产生的含铜离子、镍离子等其他重金属离子的废酸或化工行业含大量有机物的废酸,该方法可行性不高,如表3.2-2所示。

表3.2-2 工艺替代酸法适用性分析

利用处置方法	方法描述	处理废酸的来源行业	综合利用产物
工艺替代酸法	利用废酸残余的氧化性或有价元素来替代原料酸进行水处理剂、磷肥或其他化学品的生产	钢制品表面酸洗	水处理剂
		干燥废硫酸	过磷酸钙
		废磷酸	磷酸钙(建材)
		钢制品、光电表面酸洗	镍、铜、铅锌、银等化学品
		氟化工行业	氟硅酸盐
		氯碱行业脱水废硫酸	硫酸铵

(2)肥料生产工艺。

利用废酸生产肥料过程中,主要工段为硫酸与磷矿石复混溶解,所采用的废酸主要为氯碱及树脂制造行业的脱水废硫酸,该类废酸几乎无杂质因子,可有效保证肥料品质。目前,江苏省对利用废酸生产肥料企业的废酸入厂指标要求严格,综合利用产物环境风险可控。图3.2-1所示为泰州某企业利用废硫酸生产过磷酸钙的工艺流程。

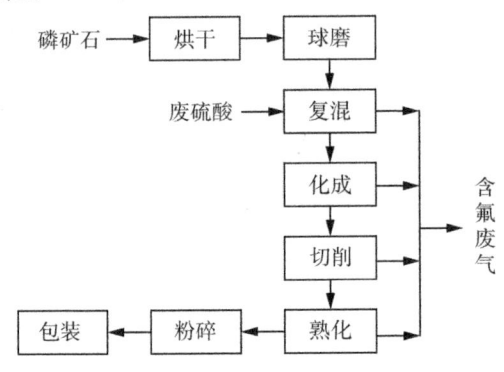

图3.2-1 某企业过磷酸钙生产工艺

(3)金属氧化物生产工艺。

江苏省利用废无机酸回收金属、金属盐类、金属氧化物的方法主要分为两大类,一类是单纯利用废酸的酸性对含金属的污泥等进行酸浸溶解,另一类是利用废酸残余的酸性、同时回收酸中所含有价金属。江苏省该类企业回收金属以镍、锡、铜为主,含贵金属的废酸产生量少,苏州某企业核准年经营含贵金属废酸

30 t,实际每年仅能接收 1 t 左右。该类综合利用产物多转移至下游冶炼企业,部分金属氧化物会沾染废酸液,其转移过程具有一定的环境风险。图 3.2-2 为江苏省某企业利用废无机酸回收金属氧化的生产工艺。图 3.2-3 为江苏省某企业的铅锌过滤渣回收工艺。

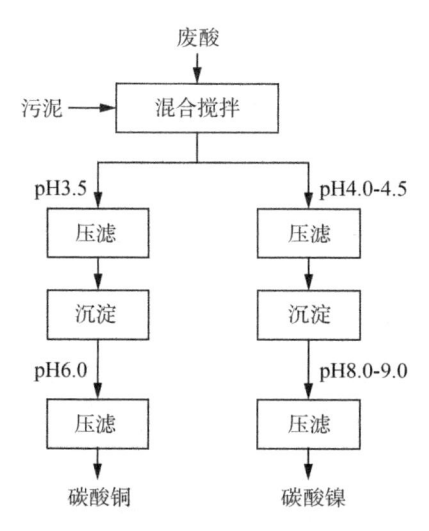

图 3.2-2　某企业碱式碳酸铜、碱式碳酸镍回收工艺

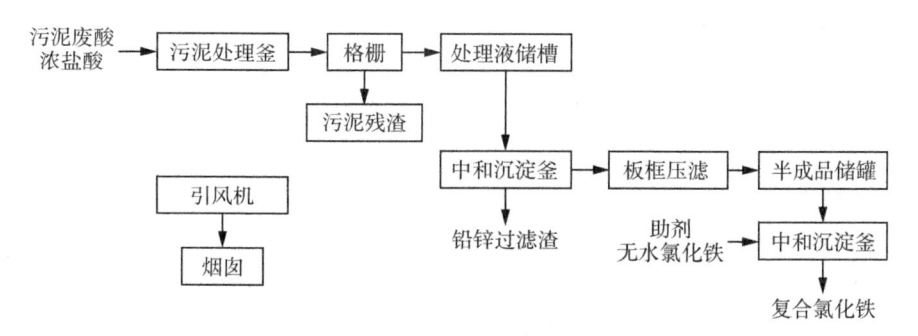

图 3.2-3　某企业铅锌过滤渣回收工艺

3.3　废活性炭综合利用技术

活性炭主要以林业、煤化工副产物为生产原料,通过物化等方法加工制造而成,具有极高的比表面积,大量的微孔结构以及较强的物理吸附能力。活性炭广泛应用于化工、环境保护、污水处理等行业。活性炭清除污染物的过程为物理吸附,即将污染物富集于活性炭表面,经过一段的时间的物理吸附过程,活性炭表

面吸附饱和,失去吸附能力。废活性炭的妥善处置成为环境污染治理的新问题。废活性炭的综合利用可以提高资源利用率,促进社会的绿色发展,成为废活性炭处置的可行路径之一。

活性炭已广泛应用于国民经济的诸多领域,应用范围广,用量大。随着活性炭的推广使用,废活性炭的综合利用技术得到进一步的发展,活性炭再生市场发展迅速。2015—2022 年,我国活性炭再生市场规模从 6.56 亿元增长至 18.22 亿元,实现年均复合增速 15.71%。

废活性炭的综合利用主要分为热再生法、化学溶剂再生法、生物再生法、湿式氧化再生法、电化学再生法、Fenton 再生法、光催化再生法及微波辐射再生法。

1) 热再生法

通过高温对废活性炭进行热处理,使活性炭吸附的有机物在高温下炭化分解,从而释放活性炭的吸附点位。热再生不仅可以清除活性炭吸附的污染物,也可以清除活性炭表面沉积的无机盐。活性炭热再生过程,分为干燥、高温炭化、活化及冷却 4 个阶段。

2) 化学溶剂再生法

化学溶剂再生法即通过改变温度、溶剂酸碱度等条件,改变活性炭、溶剂与吸附质三者间的吸附平衡,使得吸附质脱附。化学溶剂再生法主要分为无机溶剂再生法和有机溶剂再生法。

3) 生物再生法

通过微生物,分解活性炭吸附的有机物,从而恢复其吸附点位。生物再生法可分为好氧生物法与厌氧生物法。

4) 湿式氧化再生法

利用高温高压,将空气或者氧当作氧化剂使活性炭表面上处于液态的难降解有机污染物氧化成小分子物质的过程,从而对活性炭进行再生。湿式氧化法能够有效地处理一些毒性高、难降解的物质。

5) 电化学再生法

利用电极使处于阴极和阳极部分的活性炭发生还原和氧化反应,从而分解吸附在活性炭上的吸附质。在两个主电极上填充活性炭,将直流电场加入电解液中,活性炭被电流极化形成阴阳两极,形成微电解槽。同时电泳力的作用使活性炭上吸附的污染物发生脱附作用,去除吸附的污染物。电化学再生法操作简单,再生效率高,无二次污染,对污染物的处理无太多的局限性。活性炭所处的电极,所使用的电解质种类与含量,与电流的大小和再生时间等影响因素有关。

6) Fenton再生法

利用双氧水和亚铁离子氧化活性炭表面吸附的大分子有机物,同时亚铁离子也可作为催化剂,能催化双氧水产生氧化能力更强的羟基,氧化活性炭吸附的污染物,从而实现活性炭的再生。

7) 光催化再生法

利用一定波长的光源照射,光催化剂的表面受到光子的激活产生强氧化性的自由基,通过自由基的氧化作用降解污染物,完成活性炭的再生过程。光催化再生只需紫外线光源条件,无须额外工艺,操作简单,无二次污染。

8) 微波辐射再生法

利用高温使有机物脱附、炭化、活化。微波是指电磁波谱中位于远红外和无线电波之间的电磁辐射。微波辐射过程中,活性炭吸收微波能量使温度达到1 000 ℃以上,微波加热产生的高温使活性炭吸附的污染物炭化,进而使活性炭活化,恢复活性炭吸附点位。

废活性炭再生利用可促进资源循环行业的发展,保护生态环境。新鲜活性炭价格较高,企业活性炭的购置成本高,同时还会增加企业活性炭处置成本。废活性炭的再生利用可为用户企业降低采购成本,提高企业利润。我国活性炭再生产需保持稳定增长,2022年我国活性炭再生产量为30.27万t,需求量为29.12万t。随着我国经济的不断发展,废活性炭再生产量及需求量规模预计会不断上升。且目前活性炭再生技术虽较为成熟,但还有一定的上升优化空间,因此活性炭综合利用在后续应以降低成本、提升再生效率为主要发展方向。

3.4 稀贵金属综合利用技术

稀贵金属是稀有金属和贵金属的总称,主要包括:铼、钽、铌、金、银和铂族金属(铂、钯、铑、钌、铱、锇)等,稀贵金属因其优良的物理化学性能、高度催化活性、强配位能力,被广泛应用于航空航天、电子信息、装备制造、国防军工等高新技术产业领域,是整个工业体系所有类别的材料中应用面最广,而且是不可缺少的关键材料,被誉为"第一高新技术金属",美国等一些军事大国一直将其作为"战略金属"纳入战略储备物资之列。

目前,我国稀贵金属二次资源主要包括阳极泥、含酸污泥、硒碲富集料、废弃电路板多金属粉末等。

1. 稀贵金属回收预处理

焚烧工艺主要用于处理含贵金属的碳载催化剂、PTA催化剂、液体/溶液、污泥/残渣等,含贵金属的灰再经湿化学工序提炼成所需贵金属。一般情况下根据不同原料分类进行焚烧。

采用焚烧炉将催化剂中的水分、有机物等成分焙烧干净,去除催化剂中的有害成分,燃料为天然气。焚烧炉按照投料方式分为间歇式焚烧系统及连续式焚烧系统。焚烧系统均严格按照《危险废物焚烧污染控制标准》(GB 18484—2020)、《危险废物集中焚烧处置工程建设技术规范》(HJ/T 176—2005)规范要求进行建设。

间歇式焚烧系统:失效催化剂储存在铁桶中,在废催化剂装载区的通风橱内,由专有工具将铁桶中物料倒入铁盘中。通风橱设置抽风装置,8~20个托盘组成一组的盘架,用叉车送入焚烧炉后,以天然气为燃料焙烧。

连续式焚烧系统:加料过程采用连续批式、密闭和负压方式。双层密封门的闸板连锁控制,加料过程中始终有一道闸板处于关闭状态,防止有害气体溢出。高温下,废弃物中的水分蒸发,可燃物、有机物基本分解。

固体废物经进料装置送入焚烧炉内(即一燃室),完成烘干、挥发可燃气体、主燃、燃尽、排渣等全过程,一燃室内温度可达850 ℃。贵金属灰由出渣系统排出。

来自炉本体的烟气随后进入二燃室,烟气在二燃室燃尽,二燃室的温度控制在1 100 ℃以上,保证停留时间大于2 s。在二燃室充分燃烧的高温烟加入适量的冷空气,温度降至900 ℃,再经换热器回收热量,将洗涤塔出来的废气加热,烟气度降至700 ℃。然后经急冷塔快速冷却至80 ℃以下,防止二噁英再合成。

为了避免辐射和二燃室外壳过热,二燃室设计成由钢板和耐火材料组成的圆柱筒体。根据焚烧理论,烟气充分焚烧的原则是3T+1E原则,即保证足够的温度T(危险废物焚烧炉>1 100 ℃)、足够的停留时间T(危险废物焚烧炉1 100 ℃时>2 s)、足够的扰动T(二燃室喉口用二次风或燃烧器燃烧让气流形成漩流)、过剩氧气量E,其中前三个作用是由二燃室来完成。在二燃室下部设置二次风和两个多燃料燃烧器,保证二燃室烟气温度达到标准以及烟气有足够的扰动。本体内少量没有完全燃烧的气体在二燃室内得到充分燃烧,并提高二燃室温度,在二燃室内温度始终维持在1 100 ℃以上。根据计算,烟气在二燃室内停留时间将大于2 s,在此条件下,烟气中的二噁英和其他有害成分的99.99%以上将被分解掉。

2. 湿化学工艺

湿化学工艺主要针对焚烧之后的钯灰、铂灰、铑灰,熔融后的贵金属合金以及其他的贵金属物料,通过精炼等方式进行贵金属资源回收。

(1) 贵金属灰渣分离。

部分催化剂熔融后的贵金属灰渣通常为钯灰、铂灰或铑灰等的混合灰渣,精炼前需进行分离。

①铂氯化溶解

向贵金属混合灰渣中加入盐酸(HCl)、硝酸(HNO_3)使灰渣溶解,并利用蒸汽加热以加快溶解,溶液静置沉淀之后加入絮凝剂过滤,不溶渣送焚烧工序回收处理,含贵金属溶液则进入下一道工序。向溶液加入氯化钾(KCl)进行反应,静置沉淀之后进行过滤,可以得到铂盐(氯铂酸钾,K_2PtCl_6),铂盐再进入下一道工序进行提纯,溶液则分离出钯和铑。

②钯氯化溶解

向铂分离后的溶液加入盐酸(HCl)和氯酸钠($NaClO_3$),含钯溶液加入氯化钾(KCl)进行反应,静置沉淀之后进行过滤,可以得到钯盐(氯钯酸钾,K_2PdCl_6),钯盐再进入下一道工序进行提纯,溶液进一步分离铑。

③铁置换

氯化溶解后的贵金属盐与其中的铁发生置换反应变成贵金属而沉淀下来过滤。滤饼进行精炼,溶液作为废水送交处理。

(2) 钯(Pd)精炼回收。

针对焚烧处理后的含钯金属灰及含钯金属渣,钯灰经还原并沉淀分离,钯渣经氯化转化后成钯盐(氯钯酸钾,K_2PdCl_6),钯盐进一步精制成产品金属钯。

①钯灰还原:将钯灰放入反应釜内,分别加入水、氢氧化钠(NaOH)、水合肼($N_2H_4 \cdot H_2O$)进行还原反应,把氧化钯(PdO)还原成钯,钯渣经水清洗后进入下一道工序。

②钯渣溶解:分别加入盐酸(HCl)和氯酸钠($NaClO_3$),并利用蒸汽加热以加快溶解,溶液静置沉淀之后进行过滤,得到不溶渣和含钯溶液,不溶渣送回收车间焚烧工序回收处理,含钯溶液则进入下一道工序。

③氯化成盐:含钯溶液加入氯化钾(KCl),氯酸钠($NaClO_3$)和盐酸(HCl)进行反应,静置沉淀之后进行过滤,可以得到钯盐(氯钯酸钾,K_2PdCl_6),钯盐再进入下一道工序进行提纯。

④钯盐精制:将钯盐放入反应器内,加入氨水,溶解搅拌,利用蒸汽加热至50 ℃进行氨络合反应,再静置冷却,然后再加入盐酸进行酸化反应,酸化反应之后经沉淀过滤可以得到钯渣和废液,钯渣再重复上述的氨络合和酸化工序,而废液进入钯母液回收工序。

⑤钯金属精制:将经过重复氨络合和酸化反应的钯渣加入氨水溶解,再用还

原剂水合肼还原,过滤洗涤即可以得到钯,再将钯送入退火炉进行加温软化(电加热温度在 650 ℃),退火后取出进行氮气条件下冷却,再研磨成粉,即为产品海绵钯。

⑥含钯母液处理

来自钯回收的母液进入反应釜,使用氢氧化钠(NaOH)调节 pH。使用蒸汽加热至 70~80 ℃,使用压缩空气去除产生的氨气。加入水合肼进行还原,并检测贵金属含量。过滤得到含贵金属渣收集并回到钯回收工艺。

(3) 铂(Pt)精炼回收。

铂精炼回收工段用以处置焚烧含铂金属灰及熔融含铂金属渣以及含铂转化催化剂。工艺与钯精炼回收类似。大致工艺为铂灰经加热溶解后氯化成铂盐(氯铂酸钾,K_2PtCl_6),铂盐进一步精制成产品金属铂。其中转化催化剂需提前转化预处理。

①转化催化剂预处理:将废转化催化剂放入高压釜中,分别加入氢氧化钠溶液(NaOH)、甲酸钠(HCOONa)和水,并通入氮气,关闭高压釜加热,在高温高压下,氧化铝溶于氢氧化钠溶液中,而甲酸钠则将氧化铂中的铂还原出来。然后加入絮凝剂,静置沉淀过滤,含贵金属铂的滤渣进入到铂精炼工序。

②加热溶解:将铂灰、含铂合金放入反应釜内,分别加入水、盐酸(HCl)/氯酸钠($NaClO_3$)或者盐酸(HCl)/硝酸(HNO_3),并利用蒸汽加热以加快溶解,溶液静置沉淀之后进行过滤,得到不溶渣和含铂溶液,不溶渣送焚烧工序回收处理,含铂溶液则进入下一道工序。

③氯化成盐:含铂溶液加入氯化钾(KCl)进行反应,静置沉淀之后进行过滤,可以得到铂盐(氯铂酸钾,K_2PtCl_6),铂盐再进入下一道工序进行提纯。

④铂盐还原:将铂盐放入反应器内,加入氢氧化钠(NaOH)溶液,利用蒸汽加热以加快溶解,冷却之后,加入盐酸(HCl)/氢化钾(KCl)进行反应,再经沉淀过滤可以得到纯铂盐和废液,纯铂盐进入下一道工序,而废液进入母液回收工艺。

⑤铂盐精制经过提纯的铂盐加入水,并利用蒸汽加热以加快溶解,溶液再用离子交换树脂除去微量贱金属,流出液利用蒸汽加热进行蒸发浓缩,再用还原剂水合肼还原,过滤洗涤即可以得到铂,铂再送入退火炉进行加温软化(电加热温度在 700~1 200 ℃),退火后取出进行自然冷却,再研磨成粉,即为产品海绵铂。

(4) 铑(Rh)精炼回收。

①预处理:如果铑灰含碘,则需先加入甲酸(CH_2O_2)进行预处理。经过预处理的铑渣或其他铑渣进入氢气还原炉,经过还原后进入下一工序。

②溶解:将铑渣放入反应釜内,加水,加盐酸和硝酸(即王水),并利用蒸汽加热以加快铑灰的溶解过程,溶解后冷却过滤,滤渣送焚烧工序回收处理,含铑溶液进入下一道工序。

③铑盐制备:含铑溶液加入 DETA(二乙烯三胺)溶液、盐酸,并利用蒸汽进行加热搅拌反应,经沉淀过滤之后,得到铑盐($RhCl_6$·DETA),铑盐再进入下一道工序进行提纯。废液送母液回收。

④铑溶液提纯:铑盐中加入盐酸和硝酸(即王水),并利用蒸汽加热以加快反应过程,对反应后溶液进行蒸发,即可得到铑盐溶液。

(5)银(Ag)精炼回收。

银还原及精制:含银溶液加入絮凝剂,沉淀倾析后,粉末返回上一道工序,在含银溶液中加入盐酸(HCl)溶液,得到滤渣氯化银(AgCl),AgCl 经 2~3 次清洗之后,加入氢氧化钠(NaOH)和葡萄糖进行反应可以得到海绵银,海绵银再经 1 130 ℃熔炼后可得银粒。

(6)金(Au)精炼回收。

金精炼回收主要处置含金物料(黄金首饰等),金精炼成海绵金产品,含金母液则进入母液回收装置进一步利用。

①杂质溶解:将含金物料放入反应釜内,加入硝酸(HNO_3)进行搅拌,含金物料中的杂质银被溶解,经过滤后的金渣经清洗后进入下一道工序,含银废水则进入 Ag 母液回收工序。

②金渣溶解:金渣分别加入盐酸和硝酸(即王水),并利用蒸汽加热以加快溶解过程,溶解后冷却过滤,滤渣送焚烧工序回收处理,含金溶液进入下一道工序。

③金还原:含金溶液加入硫酸亚铁溶液($FeSO_4$)还原金,经沉淀洗涤之后,即为产品海绵金。

稀贵金属的回收,目前多和矿产冶炼相结合,从矿渣或者衍生矿中提取或回收稀有金属资源。而对于危险废物或者大宗的一般固废而言,含有稀贵金属的资源,集中在电镀污泥、催化剂、显影液、电子线路板等类别中。目前的回收工艺,按涉及的回收介质,分为湿法和火法。湿法多以酸液溶解废物中的稀贵金属,通过化学法进行沉淀,从而提取出相应的贵金属资源。火法则通过高温熔融去除固废中的有机杂质。

3.5 废有机溶剂综合利用技术

有机溶剂是指可溶解其他物质的有机化合物。有机溶剂的种类较多,按其化学结构可分为10大类：①芳香烃类：苯、甲苯、二甲苯等；②脂肪烃类：戊烷、己烷、辛烷等；③脂环烃类：环己烷、环己酮、甲苯环己酮等；④卤化烃类：氯苯、二氯苯、二氯甲烷等；⑤醇类：甲醇、乙醇、异丙醇等；⑥醚类：乙醚、环氧丙烷等；⑦酯类：醋酸甲酯、醋酸乙酯、醋酸丙酯等；⑧酮类：丙酮、甲基丁酮、甲基异丁酮等；⑨二醇衍生物：乙二醇单甲醚、乙二醇单乙醚、乙二醇单丁醚等；⑩其他：乙腈、吡啶、苯酚等。

有机溶液是重要的化工原料，主要由醇、烃、脂、酮等加工而成，主要有芳香烃类、脂肪烃类、卤化烃类、醇类、醚类等，广泛应用于涂装业、煤化工业、铸造业、医药制造业、橡胶制品业、电子工业、皮革制品业、家具制造业、印刷业和干洗业等十几个行业。根据2021版《国家危险废物名录》，其中涉及的废有机溶剂包括HW06（废有机溶剂与含有机溶剂废物）、HW12（染料、涂料废物）、HW38（有机氰化物废物）等。废有机溶剂产生单位分散于众多行业中，点多面广，种类繁多，给环保治理带来了较大难度。

表3.5-1列举了常见行业中废有机溶剂的主要产生环节、产生工序及排放特点和主要污染物。

表3.5-1 常见行业中的废有机溶剂产生环节、产生工序及排放特点和主要污染物

行业	废有机溶剂主要产生环节	废气主要产生工序及排放特点	主要污染物
涂装业	清洗涂装工具以及清洗涂装所需要的调和、过滤设备阶段	废气主要来自喷涂和烘干等工序。其中，喷涂工序风量从几万到百万 m^3/h，低浓度；烘干工序废气排放多为中高风量，中高浓度	甲苯、二甲苯、丁酮、环己酮、异丙醇、异丁醇、醋酸丁酯、甲醛、三氯乙烯等
煤化工业	催化（合成、加氢、脱氢、裂解、羰化、变换、水解、氧化、聚合、卤化、烷基化、异构化等）过程发生的副反应	废气主要来自催化过程产物分离过程。排放多为中高风量，中高浓度	CH_4、轻烃、甲醇、乙醇、二元醇、杂醇油、苄醇、硫醇、醚、醛、酸、酮、长链烷烃、短链烯烃、炔烃、脂、蜡、苯、萘、焦油、NO、HCl等
铸造业	清洗零部件环节	废气主要来自造型、制芯和浇铸工序。排放多为中高风量，低浓度	苯、甲苯、二甲苯、乙醛、多环芳烃等
农药工业	萃取和稀释环节	废气主要来自搅拌等工序。排放多为低和中高风量，中高浓度	成分复杂，主要有甲醇、甲苯、二甲苯、乙苯等
涂料、油墨制造业	清洗涂料制备所需要的调和、过滤设备以及清洗油墨生产工具环节	废气主要来自分离和提取等工序。排放多为中高风量，中高浓度	苯、甲苯、二甲苯、乙苯、溶剂汽油、丙酮、丁醇、苯乙烯、乙酸乙酯、乙酸丁酯、二氯甲烷等
医药制造业	萃取和稀释环节	废气主要来自搅拌等工序。排放多为中高风量，低浓度	成分复杂，毒性大的有乙醛、苯、氯乙烯、二氯乙烷等，毒性小的有甲苯、丙烯

续表

行业	废有机溶剂主要产生环节	废气主要产生工序及排放特点	主要污染物
橡胶制品业	萃取环节	废气主要来自炼胶、纤维织物浸胶、烘干、压延、硫化等工序。轮胎炼胶和硫化废气排放多为高风量,低浓度	苯、甲苯、乙苯、二甲苯、二硫化碳、硫醇类、多环芳烃等
合成革与人造革工业	生产皮革工艺的凝固及水洗两个环节	废气主要来自涂覆或含浸、烘干等工序。排放多为中高风量,中高或高浓度	二甲基甲酰胺(DMF)、二甲胺、苯、甲苯、丁酮、苯乙烯、乙酸乙酯等
电子工业	清洗工序	废气主要来自清洗、蚀刻、涂胶和干燥等工序。排放多为中高风量,低浓度	醛类、酮类、脂类、醚类等,常见的有甲苯、异丙醇、甲醇、丙酮、三氯乙烷、丁酮等
皮革制品业	清洗皮革以及皮革黏结等环节	废气主要来自黏合、烘干和清洗等工序。排放多为低或中高风量,低浓度	丙酮、苯、甲苯、乙酸乙酯、二氯甲烷、乙醇、丁酮等
人造板工业	制胶工序	废气主要来自干燥、热压和制胶等工序。其中烘干的废气风量达几十万 m^2/h,热压在几万 m^3/h	甲醛、苯、甲苯、二甲苯等
家具制造业	油漆调和过程的稀释阶段,以及清洗喷涂后模具中附着的油漆阶段	废气主要来自调漆、喷漆和干燥等工序。风量几千至上万 m^3/h,低或中高浓度	甲苯、二甲苯、丁酮、环己醇、异丙醇、异丁醇、醋酸丁酯、甲醛、三氯乙烯等
印刷业	清洗印刷过程中多余的油墨工序	废气主要来自油墨印刷、烘干等工序。包装印刷废气排放风量几千至几十万 m^3/h,低或中高浓度	乙酸、甲苯、异丙醇、甲乙酮、甲醇、丁酮、二甲苯、乙酸乙酯、乙醇等
干洗业	干洗机干洗环节	废气主要来自干洗过程的泄漏,干洗结束后开门取衣时机内气体的溢出及残渣污染	四氯乙烯、石油等
电池制造业	涂有正负极合膏剂的箔片干燥环节	基本全部挥发	甲基吡咯烷酮

废有机溶剂再生利用比较常见的方法为精馏法、萃取法、吸收法、冷凝法、吸附法、膜分离法等。其中,液态废有机溶剂主要采用精馏法、萃取法、膜分离法再生利用,气态废有机溶剂主要采用吸收、冷凝和吸附法再生利用。

1. 精馏法

利用液体混合物中各组分挥发度的差别,使液体混合物部分汽化并随之使蒸汽部分冷凝,从而实现其所含组分的分离。

精馏通常在精馏塔中进行,气液两相通过逆流接触,进行相际传热传质。液相中的易挥发组分进入气相,气相中的难挥发组分转入液相,于是在塔顶可得到几乎纯的易挥发组分,塔底可得到几乎纯的难挥发组分。料液从塔的中部加入,进料口以上的塔段,把上升蒸气中易挥发组分进一步增浓,称为精馏段;进料口以下的塔段,从下降液体中提取易挥发组分,称为提馏段。从塔顶引出的蒸气经冷凝,一部分凝液作为回流液从塔顶返回精馏塔,其余馏出液即为塔顶产品。塔底引出的液体经再沸器部分汽化,蒸气沿塔上升,余下的液体作为塔底产品。塔顶回流入塔的液体量与塔顶产品量之比称为回流比,其大小会影响精馏操作的分离效果和能耗。

根据操作方式,精馏可分为连续精馏和间歇精馏;根据混合物的组分数,可分为二元精馏和多元精馏;根据是否在混合物中加入影响气液平衡的添加剂,可分为普通精馏和特殊精馏(包括萃取精馏、恒沸精馏和加盐精馏)。若伴有化学反应,则称为反应精馏。在有色金属冶金中,精馏成功地用于粗锌的精炼。工业上还常将金属转变为氯化物然后进行精馏。

2. 萃取法

利用液体混合物各组分在某溶剂中溶解度的差异而实现分离,即溶液与对杂质有更高亲和力的另一种互不相溶的液体相触,使其中某种成分分离的过程。

目前主要用于两方面:一是从溶液中回收苯酚;二是从其他含水溶性化合物的有机溶剂液中回收卤代烃溶剂。

3. 吸收法

根据相似相溶的原理,将溶剂空气混合气体从下引入设备,通过上淋高沸点且黏度不大的油性液体的填料层,气液逆向对流,溶剂分子被油性液体所吸收并溶解其中。对于吸收液还需要进行处理,一般工业上采用精馏的方法来精制回收溶剂。

4. 冷凝法

冷凝法是最简单的回收技术,其工作方法是将废气冷却,保证其温度要低于有机物的露点温度,将废气中的有机物冷凝成液态,之后就可以将其直接从废气中分离出来,实现有效回收。此方法适用于一些单一有机溶剂浓度较高的废气环境,尤其是某一种成品挥发性有机溶剂。

5. 吸附法

吸附法是指利用吸附剂的吸附作用,将有害物质从溶液或气体中分离出来,达到净化、纯化或浓缩的目的。吸附剂的吸附作用是指在一定条件下,吸附剂与被吸附物之间的相互作用力,使被吸附物分子或离子附着在吸附剂表面上,从而使被吸附物与吸附剂分离。

吸附法根据吸附剂的性质和应用领域不同,可以分为物理吸附法和化学吸附法两种。

（1）物理吸附法利用吸附剂与被吸附物之间的范德华力或静电作用力,将被吸附物分离出来。物理吸附法适用于分离分子量较小的物质,如气体分离、分子筛等。

（2）化学吸附法利用吸附剂与被吸附物之间的化学反应,将被吸附物分离出来。化学吸附法适用于分离分子量较大、结构复杂的物质,如水处理、废气处理等。

吸附法主要是使用粒状活性炭、活性炭纤维和沸石等作为吸附剂,对有机溶剂进行吸附和处理。当废气通过吸附床时,有机物会被吸附剂吸附在床层中,从而废气会得到净化。

目前采用粒状活性炭回收溶剂仍是国内溶剂回收的主流,脱除的溶剂经蒸馏或膜分离达到纯溶剂的标准返回使用。活性炭吸附法已经实现了印刷工业、电子行业喷漆和胶黏剂等行业对苯、二甲苯和四氯化碳等有机溶剂进行回收和利用。

6. 膜分离法

膜分离法是热驱动的蒸馏法与膜法相结合的一种分离方法:液体(或蒸气)混合物在组分蒸气分压差的推动下,利用组分通过渗透汽化分子筛膜吸附和扩散速度的不同实现物质分离的过程。

废有机溶剂主要来源于生产有机溶剂过程和使用有机溶剂过程,据不完全统计,全国废有机溶剂产生企业约 20 000 多家,主要集中在广东、江苏、陕西、四川、山东、上海、浙江等省市。全国有经营许可资质的废有机溶剂的处理单位有 166 家,其中,江苏、广东、山东、吉林四省的废有机溶剂核准企业数量较多,占全国核准企业的 47%,云南、西藏、广西、湖南、贵州等省尚未建成废有机溶剂利用处置项目。2020 年,我国危险废物经营单位接收了约 104 万 t 废有机溶剂,再生利用量为 70 万 t,利用率达到 67%。其中,江苏省再生利用量 39.4 万 t,安徽省再生利用量 4.8 万 t,广东省再生利用量 4.7 万 t,仅江苏、安徽及广东三省再生利用量就约占总利用量的 70%,其余省市再生利用量均小于 4 万 t。由此可见,我国废有机溶剂利用处置能力发展很不平衡,且产生量不清、规范回收率较低。

针对废有机溶剂的处置,国家应鼓励开发和使用环境友好型溶剂,淘汰有毒有害溶剂,特别是氯代烃和苯系溶剂,推动清洁生产技术的开发和应用,减少废有机溶剂产生行业的排污量,从源头减少废有机溶剂的产生。应制定废有机溶剂的再生产品标准和利用处置污染控制技术规范,明确不同的再生方法所推荐的处理技术及技术参数,规范再生产品中有毒有害物质限值及用量要求,以及收集、运输、贮存、利用处置过程污染物排放标准,这将有助于拓宽废有机溶剂再生产品的应用市场,促进深加工利用技术的研发,同时,对"混合溶剂"的销售去向、使用范围加以约束,促使我国废有机溶剂再生利用进入标准化、规范化、程序化的发展轨道。

3.6 废矿物油综合利用技术

废矿物油是从石油、煤炭、油页岩中提取和精炼,在开采、加工使用过程中由于外在因素作用导致改变了原有的物理和化学性能,不能继续被使用的矿物油,在《国家危险废物名录》中被列为 HW08 类危险废物。《名录》规定,废矿物油(HW08)包括废车用润滑油、原油、液压油、真空泵油、柴油、汽油、重油、煤油、热处理油、润滑油(脂)、冷渐机油等。危险废物有油气开采与冶炼后产生的油泥和油脚,石油仓储产生的沉淀物,机动车更换的润滑油,机械设备维护、更换、拆解过程产生的废矿物油及废矿物油再生过程中的油渣及过滤介质等,电子元件及专用材料制造产生的废白油,橡胶制品业产生的废溶剂油及其他非特定行业产生的危废、废矿物油。

废矿物油随意倾倒、丢弃会对大气、水体和土壤环境造成重大危害。不具备再生价值的废矿物油废物最终会通过焚烧技术处置,焚烧过程中生成大量有毒烟尘与 NO_x、SO_x、二噁英、硫磷有机化合物等有害致癌物,二次污染物通过形成气溶胶并在大气沉降过程中作用于人体,皮肤和呼吸系统吸收污染物后造成生理功能的损失,并诱发各类疾病。

废矿物油对水有很强的污染力,废矿物油进入饮用水源,污染比例是 1∶106,一桶废矿物油进入水体可以污染 3.5 km^2 的水面。废矿物油污染水体后,在水体表面形成一层油膜,减少水中溶解氧,毒害水生生物,严重时会导致鱼类窒息死亡,使水体的物理化学性质及生态系统组成发生巨变,降低水体的使用价值。

废矿物油进入土壤后,会占据土壤中的空隙,破坏土壤三相结构,阻断土壤微生物与大气的气体交换,废矿物油本身的毒性也会影响土壤微生物及植物根系,进而影响植物根系的生理功能。矿物油中的反应基能与无机氮、磷结合会限制脱磷酸作用和硝化作用,影响植物的营养吸收。废矿物油中含有少量重金属,进入农田后可通过富集作用影响人类健康。

废矿物油利用工艺主要包含3个部分,预处理、蒸馏处理与精制后处理。

预处理采用的方法通常是升温后的自然沉降、加碱中和、闪蒸;蒸馏处理技术主要包含釜式蒸馏、减压蒸馏、分子蒸馏、高真空旋流蒸发、旋风闪蒸-薄膜再沸;精制后处理主要包含酸碱精制、白土精制、吸附精制、溶剂精制及加氢精制等。

1. 预处理

废矿物油携带的杂质主要有水分、金属渣、盐分、酸性物质、添加剂、沥青和胶质等。未经预处理的废矿物油会导致催化剂失活、炉管结焦、设备堵塞腐蚀和产品收率低等问题。废矿物油的预处理过程主要包含过滤、沉降和脱水过程。过滤可以去除来料中的大颗粒杂质,避免后续系统损伤。沉降可以有初沉、热沉与化学沉降过程,初沉是废矿物油在预处理罐内常温静置,可去除漂浮物与普通颗粒杂质;热沉需将废矿物油加热到 70～90 ℃,黏度降低可去除密度与废矿物油接近的杂质;化学沉降通过添加适当的絮凝剂、破乳剂等化学药剂,充分搅拌后静置足够的反应时间,可去除可溶性杂质与胶质、沥青质。脱水过程可将废矿物油维持在 110 ℃,将水分脱除。

2. 蒸馏处理

减压蒸馏法源于石油冶炼,是一种高效的物理分离工艺,具有原理简洁、工艺清晰、易于工程放大等优点,对油品有一定要求。薄膜蒸发工艺采用熔盐或导热油加热,具有真空压降小、受热时间短、蒸发强度高和操作弹性大的特点。分子蒸馏工艺来源于医药精细加工,在高真空环境下利用分子运动平均自由程的差别实现物质分离。具有蒸馏温度低、分离程度高、受热时间短和清洁环保的优点。分子蒸馏工艺不适合大规模处理废矿物油。降膜蒸发工艺对操作要求高,产品质量不稳定。旋风闪蒸-薄膜再沸工艺的应用可有效避免原料废油焦化、裂解问题,回收率高,能耗低。

3. 精制后处理

常用的精制后处理工艺有白土精制、酸碱精制、溶剂精制和加氢精制。加氢精制是石油炼化行业中的常规工艺流程,可大幅度加强油品品质,但是其投资较大,安全风险突出,监管部门对该工艺的准入门槛非常严格,最终的费效比很不理想,因此加氢精制工艺并不适用于资源化行业。溶剂精制工艺投资比加氢工艺小,安全性高,经济收益高,产品质量比白土精制工艺更高,非常适合年处置能力在 3 万～5 万 t 左右的废矿物油资源化项目。

目前国家对于废矿物油的处理工艺路线提出明确的要求:已建或新建的废油处理企业需要以溶剂精制和加氢精制为最终的产品路线,其他污染严重、存在重大安全隐患的工艺技术予以取缔。

主要的工艺路线清晰的情况下,技术企业或是生产企业均应以此为基础进行工艺技术改进和研发。

溶剂精制存在的问题是溶剂损耗大,基础油收率相对较低,基础油产品硫含量高。溶剂配方一直在改良,目前溶剂精制工艺较以前已经有很大的进步,溶剂损耗逐渐降低,但是高含硫的问题一直没有得到有效解决,纯物理的方法很难将其中的硫氮杂质脱除,需要配合一定的化学手段进行改进。

加氢精制一定是废矿物油处理的最终路线。加氢精制的工艺路线非常清晰,与常规的油品加氢精制没有太大区别。问题集中在催化剂适应性及强壮性上,废油中的各种杂质对于催化剂的寿命影响非常大,有的加氢装置开车几天催化剂就失活无法连续生产。因此,加氢工艺路线最需要解决的问题其实就是预处理问题,在预处理阶段通过一定的物理或化学手段将其中对催化剂有影响的杂质有效去除是保证加氢工艺成功的必要条件。

综上所述,废矿物油再生工艺技术的发展方向主要是预处理工艺不断完善的过程。

预处理工艺最可能的发展路线:循环加热—常减汽提—减压蒸馏—精制(催化氧化)。此过程可以生产出高品质的Ⅰ类基础油,同时也可以作为加氢精制的优质原料生产高品质的Ⅱ类基础油甚至白油等高附加值产品。

与此同时国家也应该出台更适合废油处理企业发展的相关政策并进行更严格的监管,将废油按类别进行划分,并且严格监管储运过程,杜绝不法商贩为了获利添加其他的废油和杂质。

3.7 飞灰综合利用技术

生活垃圾焚烧飞灰的主要成分是 Al_2O_3、SiO_2 等酸性氧化物,CaO、MgO、Fe_2O_3、K_2O、Na_2O 等碱性氧化物。其物质组成和大部分无机非金属材料的组成相似,具有作为水泥原料、制备水泥混凝土、烧制陶粒轻骨料以及筑路材料等资源化利用的潜质。现有飞灰综合利用技术可分为熔融处理、烧制陶粒、水泥窑协同、烧制岩棉等技术,具体技术内容介绍如下。

1. 飞灰熔融处理

飞灰熔融处理是通过高温将飞灰煅烧成玻璃体材料,所得玻璃体可用于制备保温棉和微晶玻璃等建材产品。该技术可实现二噁英降解和重金属固化,同时实现飞灰高度减容,显著降低飞灰对环境的影响。但该技术所需煅烧温度高(一般为1 400 ℃)、烟气处理工艺复杂,存在能耗高及产生二次飞灰等缺点,长期运行稳定性不佳。

目前,我国已建有飞灰等离子高温熔融处理示范项目,但高运营成本阻碍了其广泛应用。

2. 飞灰烧制陶粒

飞灰烧制陶粒是将飞灰与其他原料（黏土、石灰石等）按一定比例混合成型、高温烧结，烧结温度约为1 000 ℃，可实现飞灰中二噁英降解和重金属固化，所得陶粒具有轻质多孔和高强度的特点，可代替天然碎石和河沙等建筑材料。该技术可实现飞灰资源化利用，但烧制过程中需严格控制原料配比，确保所得陶粒符合相关标准和要求。

目前我国已有飞灰烧制陶粒项目投运，昱源宁海环保科技股份有限公司利用飞灰协同处置重金属污泥高温烧结制取陶粒，每年可综合利用飞灰5万t。天津壹鸣环境科技股份有限公司利用新型回转窑烧结/熔融飞灰全资源回收利用技术，对飞灰进行高温煅烧解毒处理，同时协同处置污染土生产陶粒，每年可综合利用飞灰10万t。

3. 飞灰水泥窑协同处置

飞灰水泥窑协同处置一般包括水洗脱氯、水质净化、烘干入窑、入窑煅烧、蒸发制盐等工艺系统。飞灰进入水洗脱氯系统后，所得水洗液进入水质净化系统，产生的冷凝水回用于飞灰水洗，产生的结晶盐氯化钠、氯化钾作为工业盐使用，沉淀出的污泥与所得水洗飞灰泵入烘干系统，烘干后送入水泥窑煅烧。该技术将飞灰用于生产水泥熟料，充分利用水泥窑高温环境彻底分解二噁英、固化重金属，实现飞灰资源化利用。技术相对成熟，处置成本低，标准体系完善，是拥有水泥厂的大中型城市首选技术，具有良好的发展前景。

我国于2015年在北京市琉璃河水泥有限公司内建成国内首条水泥窑协同处置飞灰示范线，2018年进行扩建后，飞灰处置总规模达到7万t/a，运行工况稳定，熟料质量良好。飞灰水泥窑协同处置技术已在全国迅速推广，截至2023年初，我国已有和在建相关项目30余项，年处置飞灰能力可达250万t。

4. 飞灰烧制岩棉

飞灰烧制岩棉指飞灰经水洗脱氯后与玄武岩、石英砂等辅料配比混合，通过高温熔融、纤维化和成型工艺制备岩棉等资源化产品。该技术可实现飞灰中二噁英降解和重金属固化，所得岩棉产品是一种无机纤维制品，具有较好的隔热、隔音和防火性能，常用于建筑、工业设备隔热、保温等领域。但该技术存在能耗高、产品标准体系不完善等缺点，目前仅在无锡、南通等地初步开展中试研究。

5. 飞灰制免烧建材

飞灰制免烧建材一般先采用预处理技术对飞灰中一种或多种污染物进行去除，通常采用逆流水洗进行脱氯，水洗后的飞灰通过低温热解实现二噁英去除，之后与其他原料混合进入建材制备系统,可制备空心砖、实心砖、轻集料等。该技术运行成本低,但免烧建材强度和耐久性不及烧结建材,且产品相关标准体系不完善,市场认可度较低,目前还处于试验阶段。

上述飞灰综合利用获得的各种产品已经具有较高的品质,可以满足大部分使用要求,但是由于综合利用工艺与产品缺乏标准或技术规范的指导与支持,因此综合利用渠道仍未完全打通,严重制约了飞灰综合利用技术的推广应用。因此,飞灰综合利用应以飞灰资源化利用渠道、推广飞灰综合利用技术的应用为发展方向,加强政策引导,同时为飞灰综合利用产品的污染控制及品质要求制定相关标准。

3.8 废线路板综合利用技术

废线路板是指从废旧电子电器设备上拆解下来的电路板以及线路板加工制造过程中产生的边角废料,属于量大面广、易污染环境的电子废弃物,以质量分数计主要成分为塑料 30%、惰性氧化物 30% 及金属 40%,属《国家危险废物名录》中 HW49 类,废物代码为 900-045-49。

由于废线路板中不仅含有多种常见金属材料,如铜、铁、铝、锡、铅等,而且含有金、银等稀贵金属,具有很高的回收再利用价值;同样也含有很多有毒有害物质,如铅、溴、苯、六价铬、汞、镉、卤素阻燃剂等。如果随意丢弃或堆放,其所含的铅等重金属会渗透至土壤、水体等环境介质,进而经植物、动物及人的食物链循环。若随意焚烧废线路板,会释放出二噁英等大量有害气体,威胁人类的身体健康。

废线路板作为一种典型的电子废物其资源化利用技术可以分为三大类型,即湿法冶金法、热处理法和机械物理法,技术特点、污染类型及污染治理成本比较分析见表 3.8-1 所示。

表 3.8-1 国内废线路板综合利用技术对比分析

工艺名称	技术特点	污染类型	污染治理成本
湿法冶金(氰化法)	可获得纯度较高的金属单质或其化合物	少量含氰废气、大量含氰废水、大量废渣	较高
湿法提金(酸溶法)		大量酸性废水、大量酸性废水、大量废渣	较高

续表

工艺名称	技术特点	污染类型	污染治理成本
机械物理法（干法）	各种金属难以完全分离，仅能收集金属富集体和非金属富集体	粉尘量较大	低
机械物理法（湿法）		废水量较大	低
热处理法（火法冶金）	可获得各种金属元素组成的金属富集体，对低熔点金属如锡、铅的回收率低	大量有毒有害废气（含二噁英、铅、锡等低熔点金属）	高
热处理法（热解）	可回收各种金属元素的富集体，还可回收部分非金属产品	大量有毒有害废气（含溴废气）	较高

湿法冶金法是根据各种金属的化学稳定性差异，通过浸取分步从废线路板中回收贵金属；热处理法是通过焚烧、热解、熔炼等高温加热手段去除废线路板中的非金属物质，使金属得到富集并可进一步回收利用，常用的方法有焚烧和热解；机械物理法是预先对废线路板进行机械破碎，然后根据废线路板组成材料间的物理性质差异，采用磁选、涡流电选、液体浮选、风力分选、静电分选等物理方法分离回收金属和非金属材料的方法。

为了规范废旧家电及电子产品工业废弃物的处理，我国各级政府已出台大量的法律法规，颁布了《废弃电器电子产品回收处理管理条例》《废弃家用电器与电子产品污染防治技术政策》等，已经构成比较系统的法制体系。地方政府也采取了积极的行动，如上海市出台了《上海市废旧电子电器回收处理暂行规定（草案）》。江苏省在电子废物处理处置的区域法规和政策方面走在全国前列，相继出台了一系列政策文件，包括《关于规范全省综合性危险废物集中焚烧设施建设的通知》（苏环控〔2005〕61号）、《江苏省环境保护厅关于暂停受理部分危险废弃物经营许可证申请及从严审批危险废弃物集中焚烧处置设施的紧急通知》（苏环控〔2006〕30号）等。原江苏省环保厅和财政厅联合设置了《固体废物处置利用准入条件研究》的环保管理研究课题（苏财建〔2007〕157号），主要针对电子废物的处理处置管理和行业准入条件进行研究，制定出细化国家标准、更符合江苏实际的区域法规。

根据江苏省危险废物动态管理系统数据显示，2019年全省废线路板的产生量约为7.28万t，产废企业共计829家，其中自行处置量约为836.5 t，委外处置量为7.37万t。目前，江苏省具备废线路板（HW49,900-045-49）经营资质的综合利用企业共计45家，综合利用能力已达到27.96万t/a，约为全省产废量的3.84倍。其中年处理5 000 t以下的企业有22家，年处理5 000 t到10 000 t之间的企业有13家，年处理10 000 t以上的企业有10家。

3.9 含铜蚀刻废液综合利用技术

含铜蚀刻废液主要来自电子元件制造行业,印制线路板生产蚀刻工序或铜板蚀刻工序,蚀刻液能腐蚀电路板或铜板上多余的铜箔,蚀刻液中铜离子浓度不断增高,当铜离子含量达到一定浓度时,蚀刻液腐蚀铜的效率就会逐渐下降直至失效,成为蚀刻废液被排放,常见的含铜蚀刻废液有酸性含铜蚀刻废液、碱性含铜蚀刻废液和含铜三氯化铁蚀刻废液等。在《国家危险废物名录》(2021版)中,对应 HW22(398-004-22、398-051-22),其中 398-051-22 代码对应的为铜板蚀刻过程中产生的废蚀刻液及废水处理污泥,酸性含铜蚀刻废液是用主要成分为盐酸、氯化钠、氯酸盐类氧化剂或双氧水的酸性蚀刻液($HCl-H_2O_2$)对电子元件制造行业线路板或铜板进行蚀刻后排出的蚀刻废液,主要为含大量盐酸的酸性氯化铜溶液,主要成分为 Cu^{2+}、H^+、$CuCl_4^{2-}$、Cl^- 等。碱性蚀刻废液是用主要成分为氨水、氯化铵的碱性蚀刻液(NH_3-NH_4Cl)对电子元件制造行业线路板或铜板进行蚀刻后排出的蚀刻废液,主要为含铜氨离子的溶液,主要成分为 Cu^{2+}、NH_4^+、$Cu(NH_3)_4^{2+}$、NH_3、Cl^- 等;含铜三氯化铁蚀刻废液是用主要成分为盐酸、三氯化铁的蚀刻液对电子元件制造行业线路板或铜板进行蚀刻后排出的蚀刻废液,主要成分为 Fe^{2+}、Cu^{2+}、Cl^- 等。

蚀刻废液中含有高浓度的 Cu^{2+},若不采用针对性的处理措施,直接排放会给环境带来很大危害,同时也造成资源浪费。此外,覆铜箔所含的微量重金属杂质(如镍、镉、砷、铅、铬等)也会一并进入蚀刻废液。

目前综合利用处理蚀刻废液的方法主要有合成法、置换法、(萃取)电解法。

合成法包括酸碱废液配比综合处理和酸、碱废液分别加化学品单独处理两种方式,主要侧重蚀刻废液中铜的回收及铜系产物(如氢氧化铜、氧化铜、硫酸铜、碱式碳酸铜等)生产。该工艺是一种单向非闭合流程,最初的工艺方法只简单对蚀刻废液进行破坏性处理,提炼其中有价金属,而回收铜后的母液则进入废水处理系统,处理达标后排放,废水中还存在着少量的铜以及大量的 Cl^-、NH_4^+、NH_3 等非铜成分未回收利用。随着环境质量要求日益提升、环保管理措施日益精细化,很多企业一方面对铜系产物生产进行了延伸,另一方面也对废水进一步利用、蒸发提取其中的盐,减少废水污染物排放。

置换法采用铁、铝等还原介质置换出铜。置换法适用于酸性蚀刻废液和三氯化铁含铜蚀刻废液的综合利用,分为铁法和铝法。主要通过铁粉或铝板置换蚀刻废液中的铜离子,制备海绵铜,此类产品常含有少量的铁或铝,一般作为铜冶炼原料。

(萃取)电解法处理蚀刻废液一般用于蚀刻废液产生企业在线处理并回收蚀刻液,碱性蚀刻废液萃取电解回收已发展多年且工艺成熟,近年来酸性蚀刻废液直接电解回收工艺也得到发展应用。碱性废液萃取电解是利用萃取和电解技术对蚀刻废液中的铜进行回收,同时再生蚀刻液返回生产线循环使用。酸性蚀刻废液电解工艺可以得到 99.9%~99.99% 的电解铜,并基本实现蚀刻液再生。此法生产出来的铜粉纯度较高,但效率相对较低,耗电量较大,并且废水排放前需对重金属进一步处理。此外,电解池阳极产生大量氯气,易导致蚀刻液中氯的损失并且污染环境,部分企业使用氢氧化钠(NaOH)溶液吸收生成次氯酸钠(NaClO)溶液。

我国现行环保法律法规体系中,与含铜蚀刻废液有关的标准仅发布了由全国废弃化学品处置标准化技术委员会归口的《含铜蚀刻废液处理处置技术规范》(GB/T 31528—2015),该标准规定了酸性蚀刻废液、碱性蚀刻废液组成,提出了生产碱式氯化铜、氧化铜、高纯硫酸铜的 3 种处理处置方法工艺过程、控制参数等,并对废水、废气、废渣提出相关环境保护要求,标准适用于含铜蚀刻废液集中收集模式的处理处置。该标准主要侧重于 3 种铜化合物生产工艺控制和产品要求,约束企业的生产环节,对含铜蚀刻废液综合利用过程的污染控制着墨不多,对生产全过程环保合规性要求较少;另外该标准未包括含铜三氯化铁蚀刻废液综合利用,未包括含铜蚀刻废液产生企业自行利用,包含的铜化合物产品种类远少于目前调研的情况,无法对含铜蚀刻废液综合利用全行业的污染控制形成体系化管理。

江苏省在电子废物处理处置区域的法规和政策方面走在全国前列,相继出台了一系列政策文件。2008 年江苏省环境保护厅为进一步规范蚀刻废液处置利用行业环境管理行为,提升利用处置水平,促进工业废物处置行业的持续健康发展,发布了《关于进一步规范我省废线路板、含铜污泥、蚀刻废液处置利用企业环境管理工作的通知》(苏环控〔2008〕107 号),从生产及经营规模、项目选址、生产工艺三个方面提出环境管理要求。

根据江苏省危险废物动态管理系统数据显示,2019 年产废单位自行申报蚀刻废液(397-004-22,2016 年危废名录代码)产生量约为 34.6 万 t,蚀刻废液(397-051-22,含污泥,2016 年危废名录代码)产生量为 12.6 万 t。截至 2021 年,江苏省开展含铜蚀刻废液综合利用经营的企业为 12 家,12 家企业中年核准经营能力大于 2 万 t 的有 7 家、核准经营能力在 1 万~2 万 t 的有 4 家、核准经营能力小于 1 万 t 的有 1 家。

4 环境风险评估与防范

4.1 环境风险评估

　　近年来随着我国制造业的快速发展,危险废物产生量越来越庞大,数据显示,2023年我国危险废物产生量已经超过一亿t。危险废物具有易燃性、腐蚀性、感染性、反应性、毒性等危险特性,且危险废物产生单位、经营单位有着数量多、分布广、危险废物种类多、监管难度大等特点。因此,在危险废物管理和处置过程中,也极易发生操作不当而导致的突发环境事故。

　　仅以国内为例,由危险废物引发的事故不在少数:2015年常州市3家化工厂将有毒废水直接排出厂外,危险废物偷埋地下,造成了周边的600多名学生出现皮炎、湿疹、支气管炎、白细胞减少等异常症状,甚至引发个别学生淋巴癌、白血病等健康问题;2017年12月,烟台鑫广绿环再生资源公司由于处置危险废物前未对其进行特性鉴别、危险性分析,最终该批次所含的硫化氢泄露,导致5人因中毒而死亡;2019年3月,震惊全国的江苏盐城响水县天嘉宜公司爆炸事件最终导致78人丧生,直接经济损失近20亿,其事故根源来自违法贮存的大量硝化废料在高温下不断积累热量,最终导致自燃,发生爆炸;2019年5月,湖北天银危险废物集中处置公司危废品暂存库储存的实验室废物发生化学反应放热,引发火灾,直接经济损失约133万元;2021年1月,山东诸城出现化工废料违法倾倒事件,导致4人抢救无效死亡……也正是因为危险废物对生态环境和人类身体健康的潜在危害,为了实行更为精细化的管理,需要对危险废物开展全面的环境风险评估工作。

　　环境风险评估属于一种风险评估技术,旨在确定环境危害(指环境中出现的物理的、化学的或生物的媒介)对人类健康和生态系统不利影响的概率和大小,以及这些风险可接受程度的过程并提出相应的风险管理措施和建议。环境风评估是环境管理的重要工具,可以帮助决策者在不确定性的情况下作出合理的选择,保护和改善环境质量,预防和减少环境污染和生态破坏,促进可持续发展。

风险评估总的目标是去识别可能的事故或失误模式和暴露场合,这有助于开发减少失误概率和可能失误引起的人群、经济和环境后果或暴露事件的方法。具体地讲,环境风险评估的目标和要求有:

(1) 识别现在的和预测可能的危害,并为这些危害排序,风险评价提供了风险比较和排序的定量基础;

(2) 识别所有可能的失误,并为它们排序;

(3) 帮助考虑当前的和未来可能出现的暴露场合;

(4) 系统反映暴露场合的风险而不是只涉及极端事件的风险;

(5) 识别对整个失误或暴露贡献最多的因素;

(6) 便于比较减少风险的不同方案,平衡可以允许的风险与减少风险的代价;

(7) 识别和分析不确定性的来源,把结果表达为可能性,承认风险评价在预测未来环境状态过程中具有不确定性,使得评价结论更加可信。

环境风险评估的对象可以是各种类型的环境危害因素,包括化学物质、生物因子、物理因素、社会经济因素等,它们可能通过不同的途径和机制对环境和人类造成不同程度的影响。其评估的范围可以是各种规模和层次的环境系统,包括局部、区域、国家、全球等,它们可能涉及不同的空间和时间尺度,以及不同的受影响的群体和对象。而对于危险废物,环境风险评估主要包含了生态毒理学在环境科学领域的应用,这种确定是通过污染物质暴露与污染物毒理学数据的结合来完成的。

4.1.1 环境风险评估方法

危险废物的风险评估目前在国内还没有真正形成一个独立的体系,相关的内容只是包含在固体废物风险评价体系、环境影响评价和风险评价中。

1. 风险评估方法

本质上,危险废物的环境风险评估属于风险评估,因此从风险评估的角度来看,环境风险评估方法按照性质可以分为定量评价法、定性评价法以及定性定量评价法。目前国内外常见的风险评估方法有事故树分析法、故障类型分析法、模糊综合评判法等(详见表 4.1-1),其适用条件和优缺点各有不同,需要结合实际情况进行选择。

表 4.1-1 常见风险评估方法

评价方法	方法性质	内容	优点	缺点
安全检查表法	定性	依据原理、经验、法律法规、事故情报等对不安全因素进行周密的总结思考,确定检查项目并系统地编制成表,可按此表进行检查和诊断	操作简便,效果显著	主观性较强,且不能直接给出潜在事故情况及风险等级
故障类型及影响分析（FMEA）	定性	将工作系统分为各子系统或元件、设备逐个分析,并将每一个故障按照严重程度进行分类采取改进措施	事先对工作系统进行考察,能更全面地辨识元件或系统的故障	未考虑人的因素对系统安全的影响
危险性与可操作性研究	半定量	寻找生产工艺各状态参数的变动及操作过程中出现偏差的原因,明确设计中存在的缺陷并采取措施	适用于生产各阶段,且针对性及可操作性较强	评价的准确性很大程度依赖评价人员的专业性与对系统的了解程度
作业条件危险性分析法（LEC）	定性定量	将作业条件的危险性用事故发生的可能性、暴露频率、事故发生的后果来衡量	计算简单,操作方便	仅用于企业生产现场作业环境中,有一定的主观性和局限性
事故树分析（FTA）	定性定量	从要分析的特定事故或故障（顶上事件）开始,层层分析其发生原因,直到找出事故的基本原因（底事件）为止	能对各种系统的危险性进行辨识和评价,分析出事故的直接原因及潜在原因	建树过程较为复杂,且容易发生遗漏
六阶段法	定性定量	将评价过程分为六个阶段,逐步深入,定性评价与定量评价相结合进行综合评价	采用了多种评价方法,评价工作细致,准确性高	工作量较大
道化学	定性定量	将物质危险系数、工艺危险系数、工艺补偿系数相乘得到风险值并划分风险等级	引入补偿系数,风险值较精确	更适用于火灾危险性分析,具有一定的局限性
模糊综合评判	定性定量	根据模糊数学隶属度理论,结合定性评价和定量评价,基于评价指标对评语集的归属程度得出风险值	应用范围广,适用于多级指标系统	依靠专家打分进行评价,具有一定的主观性

2. 企业突发环境事件风险分级方法

企业突发环境事件风险分级主要参照《企业突发环境事件风险评估指南（试行）》（环办〔2014〕34号）和《企业突发环境事件风险分级方法》（HJ 941—2018）执行（下文简称《分级方法》）。

《企业突发环境事件风险分级方法》规定了企业突发环境事件风险分级的程序和方法,适用对象为涉及生产、加工、使用、存储或释放附录A中突发环境事件风险物质的企业。突发环境事件风险物质是指具有有毒、有害、易燃易爆、易扩散等特性,在意外释放条件下可能对企业外部人群和环境造成伤害、污染的化学物质,简称为"风险物质"。

确定风险物质后,根据企业生产、使用、存储和释放的风险物质数量与其临界量的比值(Q),评估生产工艺过程与环境风险控制水平(M)以及环境风险受体敏感程度(E),基于上述分析结果,分别评估企业突发大气环境事件和突发水环境事件风险,将企业风险等级划分为一般环境风险、较大环境风险和重大环境风险三级。企业突发环境事件风险分级程序如图4.1-1所示。

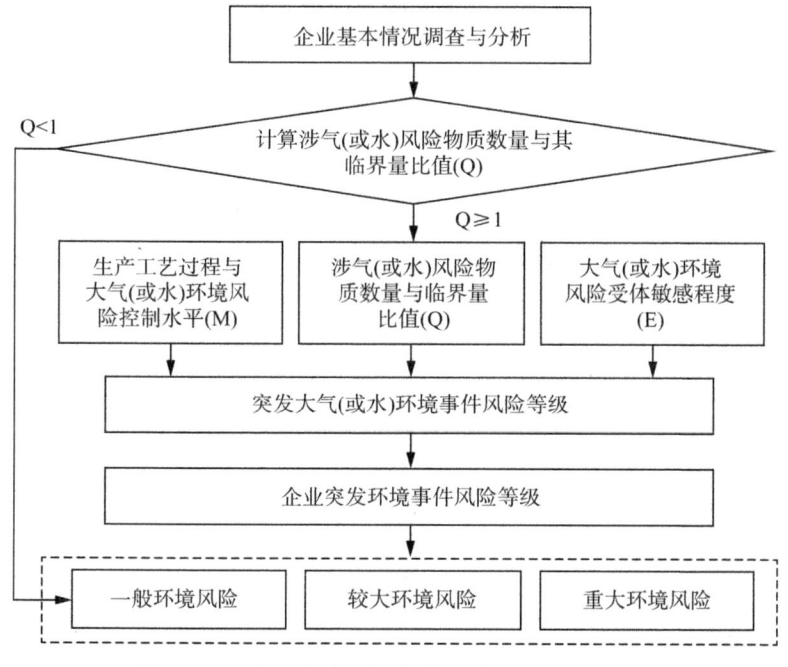

图 4.1-1 企业突发环境事件风险分级流程示意图

确定企业突发环境事件风险等级需要分别确定其大气环境事件、水环境事件风险等级(见表4.1-2)后,根据两者的等级高者最终确定企业突发环境事件风险等级。

表 4.1-2 企业突发环境事件风险分级矩阵

环境风险受体敏感程度(E)	风险物质数量与临界量比值(Q)	生产工艺过程与环境风险控制水平(M)			
		M1 类水平	M2 类水平	M3 类水平	M4 类水平
类型 1 (E1)	1≤Q<10(Q1)	较大	较大	重大	重大
	10≤Q<100(Q2)	较大	重大	重大	重大
	Q≥100(Q3)	重大	重大	重大	重大

续表

环境风险受体敏感程度(E)	风险物质数量与临界量比值(Q)	生产工艺过程与环境风险控制水平(M)			
		M1类水平	M2类水平	M3类水平	M4类水平
类型 2 (E2)	1≤Q<10(Q1)	一般	较大	较大	重大
	10≤Q<100(Q2)	较大	较大	重大	重大
	Q≥100(Q3)	较大	重大	重大	重大
类型 3 (E3)	1≤Q<10(Q1)	一般	一般	较大	较大
	10≤Q<100(Q2)	一般	较大	较大	重大
	Q≥100(Q3)	较大	较大	重大	重大

长三角地区作为中国经济发展最活跃、工业发展水平最高的区域之一，向来在环境管理理念和制度上有诸多先进性探索。其实在 2018 年生态环境部正式发行《分级方法》以前，长三角地区在突发环境事件风险评估制度上也进行了自己的尝试。原浙江省环境保护厅于 2013 年、2015 年分别发布了《浙江省企业环境风险评估技术指南（试行）》（浙环办函〔2013〕165 号）和《浙江省企业环境风险评估技术指南（第二版）》（浙环办函〔2015〕54 号），用于推进企业环境风险评估工作，提高企业环境应急管理水平。上海市原环境保护局于 2016 年发布《上海市企业突发环境事件风险评估报告编制指南（试行）》指导企业环境应急管理工作。江苏省则在 2020 年从工业园区管理角度发布了《工业园区突发环境事件风险评估指南》（DB32/T 3794—2020），该《指南》为工业园区突发环境事件风险评估提供了方法依据，推动了国内工业园区环境风险管控体系构建。

3. 建设项目环境风险评价

《建设项目环境风险评价技术导则》（HJ 169—2018）中规定了建设项目环境风险评价的一般性原则、内容、程序和方法。

1）适用范围

适用于涉及有毒有害和易燃易爆危险物质生产、使用、储存（包括使用管线输运）的建设项目可能发生的突发性事故（不包括人为破坏及自然灾害引发的事故）的环境风险评价。

2）评价内容及程序

环境风险评价基本内容包括风险调查、环境风险潜势初判、风险识别、风险事故情形分析、风险预测与评价、环境风险管理等。

基于风险调查，分析建设项目物质及工艺系统危险性和环境敏感性，进行风险潜势的判断，确定风险评价等级。

风险识别及风险事故情形分析应明确危险物质在生产系统中的主要分布，

筛选具有代表性的风险事故情形,合理设定事故源项。

各环境要素按确定的评价工作等级分别开展预测评价,分析说明环境风险危害范围与程度,提出环境风险防范的基本要求。主要包括大气、地表水、地下水的环境风险预测。

提出环境风险管理对策,明确环境风险防范措施及突发环境事件应急预案编制要求。

综合环境风险评价过程,给出评价结论与建议。具体评价工作程序如图4.1-2所示。

环境风险评价范围应根据环境敏感目标分布情况、事故后果预测可能对环境产生危害的范围等综合确定。项目周边所在区域,评价范围外存在需要特别关注的环境敏感目标,评价范围需延伸至所关心的目标。

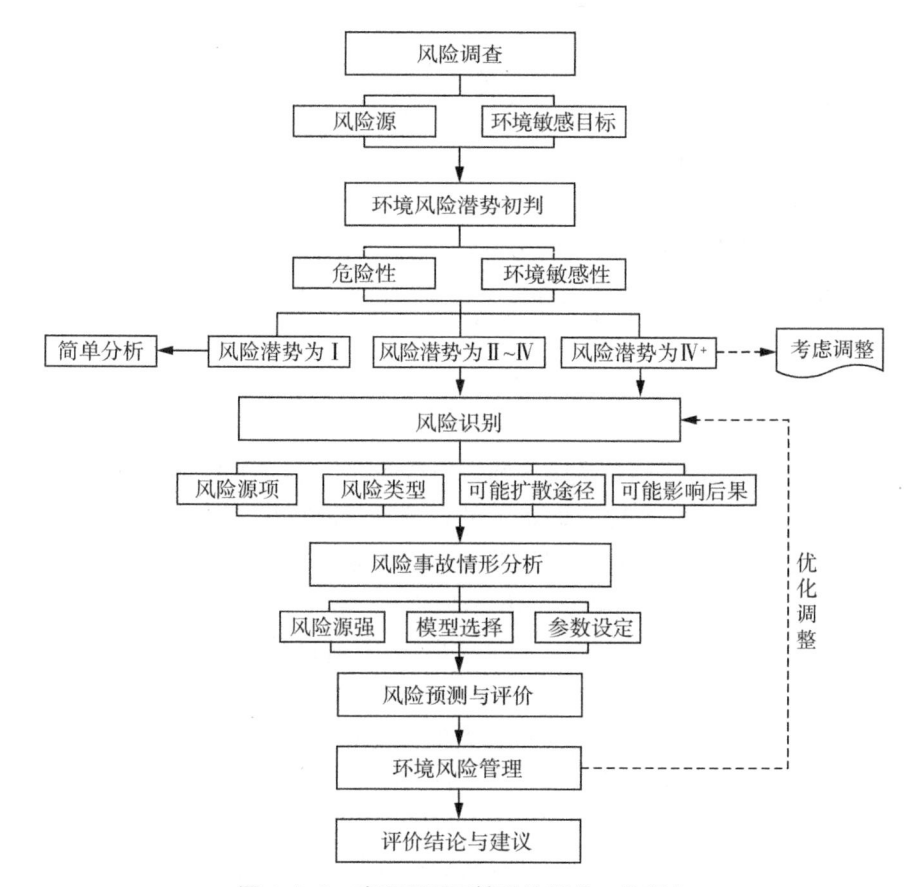

图 4.1-2 建设项目环境风险评价工作程序

4.1.2 环境风险评估程序

环境风险评估包括生态环境风险评估及经环境暴露引发的人体健康风险评估。而危险废物的环境风险评估是指危险废物在贮存、运输、利用、处置的环节，如果进入环境后，其含有的有毒有害化学物质可能对生态环境和人体健康造成危害的程度和概率大小。

美国国家科学院在1983年出版的《联邦政府的风险评估：管理程序》是环境风险评估的指导性文件，其中提出的风险评估"四步法"，即危害鉴别、剂量-效应关系评估、暴露评估和风险表征。我国在2019年发布的《化学物质环境风险评估技术方法框架性指南（试行）》（环办固体〔2019〕54号）进一步明确了"四步法"的技术要求。

参照国内外相关标准规范，危险废物环境风险评估的内容和程序可以分为危险废物判定、危害识别、剂量-反应评估、暴露评估、风险表征和不确定性分析六部分。

针对危险废物环境风险评估程序中涉及的详细评估、生物实验的方法和模型分析可见相关理论成果，本文在此仅作简单介绍，不再详细展开。

1. 危险废物的判定

根据《中华人民共和国固体废物污染环境防治法》的规定，危险废物是指列入国家危险废物名录或者根据国家规定的危险废物鉴别标准和鉴别方法认定的具有危险特性的固体废物。因此对于危险废物的判定，主要包括名录法和鉴别法。

（1）名录法。早在2016年，《国家危险废物名录》就已经列出危险废物清单，针对不同行业、不同生产程序所产生的各项危险废物都有记录，同时根据危险废物的成分、来源等不断将危险废物进行分类。后来发布的《国家危险废物名录（2021年版）》，从整体结构考虑条款的普适性、原则性，删除了关于医疗废物和废弃危险化学品的特殊规定条款，并依据危险废物鉴别调研工作实践，对废物的危险特性和风险进行了增减及表述修改，落实"精准治污"理念。

（2）鉴别法。由于一些物质的来源和生产原辅料不统一，无法直接判断其危险特性，因此无法列入《国家危险废物名录》当中，需依据危险废物鉴别标准对固体废物进行鉴别判断，这种方式也是对名录鉴别进行补充。鉴别法要根据鉴别物质表现出的危害特性（如：毒性、反应性、腐蚀性、易燃性等），对照《危险废物鉴别标准 通则（GB 5085.7）》《危险废物鉴别技术规范》（HJ 298）及相关鉴别标准开展危险特性鉴别、鉴定工作。凡具有腐蚀性、毒性、易燃性、反应性中一种或一种以上危险特性的固体废物，属于危险废物。

（3）专家判别法。在无法通过名录和标准鉴别时，采用专家判别法作为非常规鉴别途径,用以弥补现有鉴别程序的不足,但专家判别法需要由国务院生态环境主管部门组织判定。此类情形,国内现有鉴别案例不多,其具体的效果可能还需要在实际工作中应用以得到验证。

纵观历史沿革,无论是名录法、鉴别法或者是专家判别法,固体废物的属性认定往往不是一成不变的。随着危险废物产生工艺的改变,危废管理体系和技术认知水平的变化和提高,固体废物属性的认定可能会发生变化。

2. 危害识别

危害识别是正式环境风险评估的第一步,也是风险评估的基础。危害性鉴别则是危险废物环境风险评估的第一步。危险废物对环境的风险源于其在环境中的浓度和暴露,很大程度上又取决于其本身理化特性的各种参数。其中最为突出的指标为:腐蚀性、毒性、易燃性、反应性和感染性。这些理化特性对环境的风险评估提供了基础。

危害识别是确定化学物质具有的危害属性,主要包括生态毒理学和健康毒理学属性两部分。环境危害识别是确定化学物质具有的生态毒理特性,一般包括急性毒性和慢性毒性。健康危害识别重点关注化学物质的致癌性、致畸性、致突变性、生殖发育毒性、重复剂量毒性等慢性毒性以及致敏性等。一种化学物质可能具有多种毒性。就目前而言,动物实验数据依旧是危害识别的主要数据来源。

对获得的环境危害和健康危害数据应进行有效性、可靠性、充分相关性评估,才能用来确定剂量-反应关系。

危险废物有害物质的识别主要依据危险废物的危险特征、产生过程涉及的原辅料、工艺条件等,确定废物中重金属、有机污染物等污染物的种类。

对于在企业生产和使用过程中产生的危险废物,需对企业的生产工艺流程进行调查,掌握目标危险废物产生所涉及环节中使用的原辅料、中间产物和最终产物的成分,识别产生的危险废物中目标污染物组分。对在企业内部废水(或废物)处理过程中产生的危险废物,除需对导致废水(或废物)产生的生产工艺进行调查外,还需对废水(或废物)处理过程中添加的药剂、中间产物和最终产物的成分进行调查,识别产生的危险废物中的有毒有害物质组分。对于有毒有害物质的含量,则可以通过物料衡算法进行核算。

危害识别及有毒有害物质核算过程,建议参考但不限于危险废物成分检测报告、产废企业的环境影响报告书、环境管理台账、生产工艺资料等。危险废物中有害物质筛选范围可以参照包括但不限于如下的文件和数据库进行,对新发现的有害物质应收集毒理学数据后进行判定。

(1)《危险废物鉴别标准　腐蚀性鉴别》(GB 5085.1);

(2)《危险废物鉴别标准　急性毒性初筛》(GB 5085.2)；

(3)《危险废物鉴别标准　浸出毒性鉴别》(GB 5085.3)；

(4)《危险废物鉴别标准　易燃性鉴别》(GB 5085.4)；

(5)《危险废物鉴别标准　反应性鉴别》(GB 5085.5)；

(6)《危险废物鉴别标准　毒性物质含量鉴别》(GB 5085.6)；

(7)《危险化学品目录》；

(8)《优先控制化学品名录》；

(9)《优先评估化学物质筛选技术导则》(HJ 1229)；

(10)《环境空气质量标准》(GB 3095)；

(11)《生活饮用水卫生标准》(GB 5749)；

(12)《地下水质量标准》(GB/T 14848)；

(13)《土壤环境质量　建设用地土壤污染风险管控标准(试行)》(GB 36600—2018)；

(14)《土壤环境质量　农用地土壤污染风险管控标准(试行)》(GB 15618—2018)；

(15)《工作场所有害因素职业接触限值》(GBZ 2.1)；

(16)《工作场所化学有害因素职业健康风险评估技术导则》(GBZT 298)；

(17)《有毒有害大气污染物名录》；

(18)《有毒有害水污染物名录》；

(19)《重点管控新污染物清单》；

(20)《国家污染物环境健康风险名录：化学分册》。

3. 剂量-效应评估

剂量-效应评价研究危险废物暴露水平与生物体反应之间的关系,确定不同暴露水平下可能产生的危害效应。因为从危险废物的定义上来说,其对生物体具有毒害性,因此,危险废物环境风险评估离不开剂量-效应评价,这也是整个环境风险评估程序中的主要组成部分。由于剂量-效应评估是基于危害识别结果的,因此其效应评估也可分成"环境危害效应评估"和"健康危害效应评估"两部分。

1) 环境危害效应评估

化学物质环境危害的剂量(浓度)-反应(效应)评估的主要目的是如何定量表征不同环境介质中化学物质的效应浓度,确定不同环境介质中化学物质不会产生不利环境效应的环境浓度,这个浓度被称作"预测无效应浓度"(Predicted No Effect Concentration, PNEC)。

理想情况下,PNEC来自通过实验室测试或非测试方法获得的相关环境质中生物体的毒性数据。然而,如果没有特定环境介质的生物(如:土壤)的实验数据,则可以根据水生生物的测试结果来估计相应环境介质的 PNEC 值。由于生态系统的多样性很高,而且只有少数物种在实验室中被使用,因此生态系统对化学物质的敏感度很可能比实验室中的单个生物体更高。故而,测试结果并不直接用于风险评估,而是作为推断 PNEC 的基础。

一般采用评估系数法、相平衡分配法或物种敏感度分布法等方法,估算化学物质长期或短期暴露不会对环境介质产生不利效应的浓度。

2) 健康危害效应评估

分析化学物质经不同途径对人体健康的危害效应,确定对人体健康的危害机理和剂量(浓度)-反应(效应)关系评估。健康危害效应评估首先根据可靠的健康毒理学数据(例如,NOAEL、LOAEL)确定化学物质对人体健康危害的作用模式,即阈值效应或无阈值效应模式。根据不同的作用模式,采用定量、半定量或定性方法,确定化学品长期或短期作用于人体不会产生明显毒性效应或不良效应的安全剂量或概率。

确定剂量-效应关系,可以通过急性、亚急性、慢性和蓄积等毒性试验,根据测定的致死剂量划分毒性等级,对危险废物的毒性作出初步判定。

实验室毒性实验可以严格控制实验条件,染毒剂量和时间相对地固定,避免毒物混合接触,排除其他干扰因素,使受试生物的实验环境和生活条件标准化。但由于生物种属、品系和健康状况不同,造成对危险废物毒性敏感性存在差异,同时受试生物的数目有一定的限制,其结果的可靠性常常是相对的。因此,在分析试验结果时诸多因素均应考虑进去,才能作出可靠、全面的安全评价。

生物实验是根据化学物质的不同剂量对生物体所致反应程度的变化进行定量测定的方法,因此,讨论生物实验方法必须首先研究剂量与反应的关系。

生物反应基本上可以分为以下两种类型:

(1) 质反应:观察某一反应或反应的毒性程度出现与否,例如,死或不死、惊厥或不惊厥等,只有出现与不出现两种情况,故不能用量来表示个体的反应程度,只能用一组动物中出现正(或负)反应的百分率来表示,如:死亡率、惊厥率等。

(2) 量反应:观察每一反应本身所表现的量化程度。

许多化学物质可以选用质反应或量反应两种类型的测定方法,究竟选择哪种反应指标较好,要从测定结果的精密度来考虑。

4. 暴露评估

暴露评估即评估危险废物通过可能的不同途径对环境和人体造成的暴露程度。暴露评估是环境风险评估的关键,没有暴露就没有风险。暴露是评估危险废物乃至化学物质在环境中扩散、传播以及生物链积累的过程,只有进行充分的暴露评估,才能够合理地进行环境风险评估。对于危险废物,其在贮存、运输、利用和处置的各个环节,均可能造成对环境的暴露。

暴露评估应包括暴露场景、暴露途径、环境介质、暴露频率、暴露周期、持续时间、暴露量等内容。

开展暴露评估时,应根据危险废物产生、处置过程分析可能存在暴露场景,调查附近人群、生态实体及其相关属性的相对方位、距离、活动方式等信息确定评价受体。暴露评估应包括危险废物所有暴露场景的全部暴露途径,若暴露途径存在多种评价受体,应选择最敏感的评价受体开展评价;对每一种暴露途径应涵盖危害识别中确认的所有有害物质。

1)暴露途径

暴露途径是指污染物达到受体的可能路线。水生生物和陆生生物可以通过食物、水、空气、土壤或沉积物等环境介质暴露于有害物质。尤其是对动物来说,其暴露途径类同人体暴露。无论是人体暴露,还是生物暴露,以下几种途径(表4.1-3)必须在暴露评估中加以考虑:

表 4.1-3　常见暴露途径分析

暴露途径				
大气	地下水	地表水	土壤	食物链
因废物场地的颗粒物或气态化合物造成的吸入暴露	随地下水迁移的化合物的食入暴露,或地下水中可挥发性有机化合物的吸入暴露	受体对地表水中有害化学物质的食入暴露、皮肤接触或地表水中可挥发性有机化合物的吸入暴露	受体直接接触或偶尔食入污染土壤。土壤中含有可挥发性有机化合物,可通过释放到大气造成受体的吸入暴露	由于有害物质进入食物链中发生生物蓄积,造成受体的食入暴露

2)暴露评估的一般程序

暴露评估的一般程序包括资料准备、暴露情况分析、暴露评估方案设计、暴露试验与监测、暴露量计算/模型预测、暴露评估的不确定性分析。

其关键步骤为:

(1)资料准备。

①基础资料:目标危险废物的背景资料,包括危险废物的物理、化学特性、环境行为、毒性数据等资料。

②必备资料。

污染源项特性,包括污染源是点源还是面源、释放速率、数量、频率、周期、位置、污染物存在形态。

场地周围环境资料,包括污染物进入的环境介质、特性、周围环境生物的类型、种类、空间分布、生境特性等。

③参考资料。

进行文献调研,了解国内外同类型研究的情况,作为本次暴露评估的实例参考。

(2)暴露情况分析。

暴露途径与方式分析是暴露评估的基础,污染物通过环境到达生物受体的途径是相当复杂的,而且具有很大的不确定性,特别是多种介质、多种接触方式的暴露分析更是如此,原则上应该考虑所有可能的环境介质和各种暴露方式。在确定好污染源和可能的受体以后,采用图解法和程序树法进行分析。有时可以根据现场资料直接分析实际的暴露途径,有时则根据文献资料提出假设的暴露途径。

(3)暴露评估方案的设计。

暴露评估方案设计的关键在于其可操作性。因此,在方案设计时应注意考虑以下几点:

①明确暴露评估的目的与要求,确定评估的深度和广度,以及最后给出的结果是定性的,甚至是定量的。因为不同的目的和要求,决定了暴露评估的难度以及费用。

②筛选最主要的暴露途径与方式作为评估的重点。

③考虑暴露评估所需技术难度和数据基础。

(4)技术准备。

包括测试方法的建立、统计记录表格的制作、样品的设定、数学模型的建立。

(5)暴露评估的不确定性。

在进行生态暴露评估时,评价人员应考虑评估过程中每一步的不确定性。一般来说,生态暴露评估中不确定性来源可能包括:

①生物和环境的自然可变性;

②暴露源的组成、强度、速率、频率和持续时间的可变性;

③暴露的时空规模与目标评价生态规模间的一致性;

④污染物的时空分布的不均匀性和生物群分布的不均匀性;

⑤污染物在传输过程中的变化,包括数量、形态转化等;

⑥污染物间相互作用的复杂性;

⑦生物行为的改变,例如,回避行为等。

5. 风险表征

风险表征指的是将暴露评估与剂量-效应关系的结果进行整合,对危险废物可能造成的环境风险进行定性或定量的表征。风险表征是风险管理中风险分析的输入,是总体风险评价的输出。其主要内容是对暴露评估和影响评价结果的综合,获得产生于暴露的影响水平估算。

对于危险废物风险表征理论在相关体系和技术未完全确立的情况下,目前仍然参照化学物质风险表征进行。只要危险废物中有一种有毒有害化学物质存在不合理环境风险,则整个危险废物存在高风险。当危险废物中每种有毒有害化学物质均不存在不合理环境风险时,认为该危险废物整体为低环境风险。

环境风险表征过程,即将化学物质的暴露水平与其定量有害信息进行比较。当可以得到合适的预测无效应浓度(PNEC)的情况下就可以推出风险表征比率(RCRs),从而确定是否对每个环境介质的风险都得到有效控制。对水生或者陆生生态系统,则可以根据评估获得的数据对 PEC 和 PNEC 进行直接比较(RCR=PEC/PNEC)。当初步评估 RCR>1,则需要对评估进行修正,风险表征的目的是尽可能地保证化学物质在使用过程中风险可以控制,即 RCR<1。如果 RCR 修正后仍然大于 1,则说明其在某种途径上风险无法得到有效控制。

6. 不确定性分析

不确定性是风险评价中的专用名词,指在估算变量的大小或出现的概率时,缺少置信度,或者说由于对危害的程度或其时空表达方式的知识不完全而产生的风险的组成部分。

在风险评价中出现的不确定性会有三种类型:

(1) 参数值的不确定性(例如,使用不完全的或有偏向性的数据);

(2) 参数模拟的不确定性(例如,模型表达的内容不全面或问题阐述得不充分);

(3) 完整性程度上的不确定性(例如,所选择的场景的代表性不够)。

这些类型的不确定性是由多种因素引起的,有些是不可避免的,有些是人为的失误或考虑问题的不周到,或处理问题的方式方法不完善等原因造成的。

在风险评价中,不确定性有三种基本来源:

(1) 客观世界内在的随机性;

(2) 对客观世界进行认识的知识不全面,不完备;

(3) 评价过程中出现的误差。

随机性产生的不确定性属于可以描述和估算但不可避免的不确定性,因此它是评价系统内在的固有性质。知识不全面是因为缺少未知系统有关方面的知识。知识不足使得我们精确地描述、计算、测量每一件与风险评价相关的事情的能力有限。例如,我们不能去试验所有暴露于污染物的物种的毒性反应;由于对系统动力学知识不足,就不能确定在风险评价中使用数学模型的形式。人为的误差,是不可避免的人类活动特征,主要是质量保证问题。这类误差理论上总是难免的,但是对于具体的同题,这类误差应尽可能避免。

4.2 环境风险防范

2019 年,生态环境部发布了《关于提升危险废物环境监管能力、利用处置能力和环境风险防范能力的指导意见》(环固体〔2019〕92 号)(下文简称《指导意见》)。《指导意见》从完善政策法规标准体系、着力解决危险废物鉴别难问题、建立区域和部门联防联控联治机制、强化化工园区环境风险防控、提升危险废物环境应急响应能力、严厉打击固体废物环境违法行为、加强危险废物污染防治科技支撑 7 个方面对着力强化危险废物的"环境风险防范能力"提出了指导。

上述层面的工作在实际开展中往往互有交叉,例如,完善的政策法规标准体系是其他工作的基础和保障;固体废物环境违法行为的打击、危险废物环境应急响应也依赖区域联防联控机制的建立;危险废物污染防治技术进步能为工业园区(尤其是化工园区)危险废物风险防控提供支撑……本节主要从危险废物的分级管理、技术鉴别、源头管控、危险废物风险评估体系四个方面展开交流。

4.2.1 危险废物分级管理

危险废物的特性不同,危害和风险也不同,即使是具有同种危害特性的危险废物,也可能因为危险物质的含量和活性不同,导致危害程度和环境风险不一样。因此,对危险废物实行分级管理,有利于合理地配置人力和物力资源,科学地监督管理,节约危险废物管理资金的投入,也有助于对危险废物环境风险的防范,最大限度地减少其对环境造成污染和对人类造成危害。危险废物判定过程中常运用鉴别法,而鉴别的过程则需要参照相应的标准对待鉴别物质表现的危害特性(如:毒性、反应性、腐蚀性、易燃性等)进行量化评价。这种量化评价的可行性使得我们对危险废物的分级分类管理具备了一定的技术理论基础。

危险废物分级管理模式率先出现在国外。

(1) 欧洲:1989 年联合国环境规划署通过的《巴塞尔公约》对危险废物作出了定义,同时规定了危险废物的不同危险特性。2000 年,欧盟颁布了《欧盟废物名单》,形成了统一的危险废物区分体系。《欧盟废物名单》按照行业来源和废物种类相组合的方式对废物进行了划分,并利用风险评价方法对危废从浓度和毒性大小角度,确定了其风险分级浓度标准。

(2) 美国:美国对危险废物按照危害程度大小和产生量大小划分了等级,并且针对各个等级采取不同程度的管理措施。美国国家环境保护局还制定了产生源分类以及产生者的责任,即按照危险废物的月产生量不同,将产生源分为了3种,大源(LQGs)、小源(SQGs)和豁免小源(CESQG)。美国的《资源保护与回收法》对危险废物按照易燃性、腐蚀性、反应性、毒性四项危害特性进行了分类,美国各州也从产生危险废物的具体情况出发对危害性作了分级。

(3)俄罗斯:通过计算方法或试验方法,综合考虑了危险废物的成分浓度、成分的危害程度以及多种成分综合危害等因素,计算出危险废物的危害程度指数(K),根据危害程度指数从大到小,对危险废物分成了5个等级。

1. 我国及长三角地区危险废物分级管理探索

相比于美国、欧盟和俄罗斯,我国对危险废物的管理遵照从严的原则,对危险废物管理实行统一要求与标准,现有毒性、腐蚀性等分级标准针对的主要是农药或化学品,尚未建立危险废物分级管理机制。

在地方层面,广东省为了加强对环境和人体健康危害大、高毒性和具有"三致"特性高危危险废物及其处理处置设施的监管,防止因不当处置造成二次污染,科学分配固体废物管理资源,对危险废物试行开展分级管理。2008年11月,原广东省环境保护局发布了《广东省高危废物名录》(粤环〔2008〕114号)。高危废物的先后顺序通过层次分析法获得,考虑了危险废物的产生量、特性、暴露途径(同时考虑了是否产生二次污染)等因素,特别关注"三致"(致癌性、致畸性、致突变性)和高生物累积性物质,列出了高危险废物编号、名称、危险特性、主要行业来源、典型工序以及主要有毒有害成分等。这是国内少有的针对危险废物本身的"分级管理"探索。

相比针对危险废物本身的"分级管理",我国在以危废产生、经营单位为对象的"分级管理"的探索案例样本并不少见。陕西省从2011年开始,把年产危险废物1t以上的工业企业列入全省危险废物重点监管清单,并每年进行动态更新;2020年,山东省济宁市生态环境局嘉祥分局发布了《关于对危险废物分级管理的通知》(济环嘉〔2020〕2号);2021年,江苏省泰州市生态环境局印发了《泰州市危险废物产生企业和经营企业分级分类管理办法(试行)》(泰环办〔2021〕38号),在市、市(区)和园区(乡镇)三个层级,将危险废物产生企业和经营企业分成一般涉废、重点涉废和严控涉废三种类型,实施差别化监管;2023年7月,宁夏回族自治区生态环境厅印发《宁夏危险废物分级分类管理实施方案》,将危险废物产生单位和经营单位划分为四个等级,实行差异化管理……在这类"分级管理"办法中,通常是按照危险废物产生单位和经营单位经营情况及其产生(次生)危险废物的危害特性、产生数量、日常环境行为、环保信用等级、规范化考核结果等因素,对其环境风险进行量化考核,最后实现差异化管理。上述相关文件及主要内容见表4.2-1。

技术方法篇

表 4.2-1 长三角地区近年部分体现危险废物"分级管理"理念的法律规范及政策文件

序号	政策文件	年份	省份/地区	相关内容
1	《上海市生态环境局关于加强危险废物新旧名录衔接、落实分类分级管理要求的通知》（沪环土〔2021〕63号）	2021年	上海市	1. 落实企业主体责任； 2. 科学做好危险废物名录的新旧衔接； 3. 加强对相关危险废物特性的环境管理； 4. 落实危险废物豁免管理要求； 5. 安全运输、利用处置环境要求和历史遗留的危险废物； 6. 加强豁免清单要求开展的利用处置活动单位的环境监管
2	《上海市2023年危险废物规范化环境管理评估工作方案》（沪环土〔2023〕61号）	2023年	上海市	采取"区级检查，市级评估"的方式，对危险废物产废单位、危险废物收集单位、危险废物其他产废单位、危险废物收集单位、医疗机构进行检查、分级分类开展危险废物规范化环境管理评估
3	《上海市生态环境局关于进一步加强本市危险废物规范化环境管理有关工作的通知》（沪环土〔2024〕51号）	2024年	上海市	对危险废物重点监管单位、危险废物其他产废单位、危险废物收集单位、危险废物经营单位，采取"区级检查、市级评估"方式开展规范化管理评估工作
4	《绍兴市重点危险废物分级管理规定（试行）》	2020年	浙江省绍兴市	根据危险废物的产废来源、特性和数量等评估因素，实施分级分类管理，在确保环境安全的前提下，提高利用处置效率、节约社会资源等处置成本
5	《浙江省危险废物经营单位分级评价指南（试行）》	2021年	浙江省	危险废物经营单位建设运行水平和环境行为采取分类量化评价，加强危险废物经营许可审申、事中事后环境监管工作，督促指导危险废物经营单位履行环境保护主体责任
6	《泰州市危险废物产废企业和经营企业分级分类管理办法（试行）》（泰环办〔2021〕38号）	2021年	江苏省泰州市	按照危险废物产废单位经营情况及其产生特性、产生数量、日常环境行为、环保信用等级、规范化考核结果等级，在市、市（区）和园区乡镇三个层级，将危险废物产废企业分级分类、实施差别化监管
7	《江苏省危险废物集中收集体系建设工作方案（试行）》（苏环办〔2021〕290号）	2021年	江苏省	1. 根据危险废物产废单位分为重点源单位、一般源单位和特别行业单位； 2. 根据危险废物的危险特性（感染性除外），按环境风险从高到低分为Ⅰ级、Ⅱ级和Ⅲ级三个等级
8	《安徽省危险废物专项整治三年行动实施方案》（皖环发〔2020〕17号）	2020年	安徽省	建立并完善危险废物环境重点监管单位清单

事实上，以现今观点来审视，危险废物作为环境监管的重要环节，"分级管理"的概念广泛存在于国家及各省市地区的政策法规和管理要求中。例如，《危险废物管理计划和管理台账制定技术导则（HJ 1259—2022）》（下文简称《导则》）中"4.2 分类管理"要求，根据危险废物的产生数量和环境风险等因素，产生危险废物的单位的管理类别按照《导则》中的原则分为危险废物环境重点监管单位、危险废物简化管理单位和危险废物登记管理单位。生态环境部于2022年颁布的《环境监管重点单位名录管理办法》中，危废产生、经营单位的排污特性也是认定环境风险、土壤污染重点监管单位，地下水污染防治重点排污单位等的一大判定条件。

2. 危险废物分级管理发展与展望

从对象来看，危险废物"分级管理"可以针对危险废物本身，从其产生量、活性大小、暴露方式和暴露程度等自身特性入手进行量化评价。但这种对危险废物进行分级的方法本质是量化排序。如果要对大量危险废物进行等级划分，必须依赖大量数据指标为划分行为提供支持。而一方面危险废物种类、特征的复杂性也使得获得全部危险废物的相关数据难度及工作量非常大。这一理论固然具有一定的合理性，但以上所述的客观事实也使得其缺陷非常明显。这也是造成国内鲜有该方向探索实践的一大原因。

另一方面，危险废物"分级管理"的概念始终穿插在其"摇篮"到"坟墓"的全生命周期中，两者分别对应产废单位和危废处置经营单位。实现危险废物产生、经营单位的"分级管理"，从效果上来看也实现了危险废物的"分级管理"。国内现有绝大多数危险废物法律规范、政策文件的"分级管理"理念正是基于此点。

以笔者的从业经验来看，上述两种"分级管理"理念是相辅相成、互不冲突的。针对危险废物的"分级管理"侧重于技术评价方法体系，而危废产生、经营单位的"分级管理"侧重于环境监管成效。前者评价体系的建立健全可以更好地服务于危险废物的环境监管，为危险废物的分级管理提供科学依据，是建立系统性的危险废物分级管理制度的必然要求。后者的实施能科学配置环境监管人力物力资源，提高现阶段危险废物环境风险管控能力，同时为完善危险废物技术评价方法体系提供实际经验。

总的来看，危险废物分级管理制度是一项系统工程，考虑到危险废物鉴别这一程序，因此应该把豁免机制的建立作为前置条件，先将环境风险较低的危险废物从管理名单中筛选出来，逐步建立危险废物分级管理体系。

（1）完善危险废物管理政策法规。

修订危险废物管理法律法规，从政策层面为危险废物分级管理提供支持。

危险废物管理需遵守《中华人民共和国固体废物污染环境防治法》《危险废物经营许可证管理办法》《危险废物转移联单管理办法》等法律法规,在法律法规修订过程中充分考虑危险废物分级管理的必要性,使危险废物分级管理的实施有法可依。

(2) 制定危险废物管理豁免制度。

在发布危险废物豁免清单的基础上,建立危险废物豁免制度。按照科学、客观、公正的思路,对于存在例外情况的固体废物,危险废物产生单位有确切依据表明其不具有危险特性的固体废物,应予以豁免。建立豁免制度可以为危险废物豁免清单的修订提供支持,为进一步建立危险废物分级管理体系提供经验。

(3) 完善危险废物分级管理体系。

以加强环境风险控制为导向,加强危险废物分级管理研究,在《国家危险废物》《危险废物豁免管理清单》《危险废物排除管理清单》的基础上,进一步加强对危险废物分级、分类管理。细化《国家危险废物名录》,根据危险废物环境风险的差异性确定危险废物层级。

(4) 建立危险废物分级评价体系。

危险废物分级评价体系的确立是建立系统性的危险废物分级管理制度的重要基础。根据我国的危险废物管理现状和产生特点,综合考虑管理中的各个因素(如:危险废物产生量、活性大小、暴露方式和暴露程度等),确定分级管理原则,建立分级管理程序,运用风险评价的方法对其危害性进行评价,从而综合判定它的暴露程度和危害等级,制定危险废物优先管理目录,进而有针对性地对其采取不同程度的管理措施,加强高风险、环境危害大的危险废物监管力度,提高危险废物的管理水平。

4.2.2 危险废物的鉴别

危险废物的鉴别是危险废物环境风险评估程序的前置步骤,也是建立系统性危废分级管理制度的重要保障。

1. 危险废物鉴别现状

前文已提及,危险废物指的是列入"国家危险废物名录或者根据国家规定的危险废物鉴别标注和鉴别方法认定的具有危险特性的固体废物"。在我国,危险废物鉴别体系还是基于《中华人民共和国固体废物污染环境防治法》《国家危险废物名录》构建的,以减量化、资源化、无害化为管理原则的系统框架。在2004年至2019年期间,随着《危险废物鉴别标准 腐蚀性鉴别》(GB 5085.1)、《危险废物鉴别标准 急性毒性初筛》(GB 5085.2)、《危险废物鉴别标准 浸出毒性鉴别》(GB 5085.3)、《危险废物鉴别标准 易燃性鉴别》(GB 5085.4)、《危

险废物鉴别标准 反应性鉴别》(GB 5085.5)、《危险废物鉴别标准 毒性物质含量鉴别》(GB5085.6)、《危险废物鉴别标准 通则》(GB 5085.7)、《危险废物鉴别技术规范》(HJ/T 298)、《固体废物鉴别标准 通则》(GB 34330)等标准规范的相继出台、修订,我国的危险废物鉴别体系得到不断的发展与完善,共同构成了我国目前的危废鉴别体系。

2. 危险废物鉴别存在的问题

目前我国危险废物的鉴别与监测主要依照《国家危险废物名录》(下文简称《名录》)与《危险废物鉴别标准》进行鉴别与治理,但是随着工业技术的不断发展,新型污染与废弃物种类不断增加,固定单一的危险废物鉴定流程无法满足日益更新的工业发展形势,特别是名录与流程中会存在部分鉴别盲区,鉴别过程与部分规定有所出入,导致危险废物鉴别监测工作存在一定问题。

(1) 危险废物名录和鉴别标准不够全面。

尽管经过修订完善,但现行指导鉴别工作的《国家危险废物名录》与《危险废物鉴别标准》等鉴别物质类别仍不够完善,固体废物的污染性来源不能明确,导致有的鉴别工作无法顺利进行。例如,《国家危险废物名录》中,虽然涵盖了产生危险废物的行业类别、来源、代码等内容,但是仍存在弊端,如行业类别与废物来源无法完整对应、对危险废物的类别判断存在偏差等,这些问题都对危险废物的鉴别工作产生了极大的不利影响。在《名录》不够完善的同时,鉴别标准也存在缺失完整性的弊端,给危险废物的鉴别与管理带来了很大的不便。综合性的鉴别指标虽然包含了很多方面和很多领域,比如化学、物理等,但是在运用鉴别指标开展实际鉴别工作时,由于各个行业存在着很大的差别,产出的危险废物的种类也大有不同,尤其新污染物不断被检测出,很多新污染物的毒性具有慢性富集的特性,而现行的鉴别标准并不考虑该环境健康问题。如果无法在此基础上完善鉴别技术和规范鉴别程序等,便无法有效地对危险废物进行鉴别,危险废物的治理效果也无法得到提升。

(2) 危险废物鉴别技术和管理能力不足。

危险特性鉴别分析能力不强。危险废物特性鉴别专业性较强,生态环境部办公厅《关于加强危险废物鉴别工作的通知》(环办固体函〔2021〕419号)附件中,仅对鉴别机构从业人员的专业、职称、从业时间等进行了简单的门槛要求,且对机构鉴别监测能力无具体资质要求。

资质门槛的低要求,为鉴别市场秩序的混乱和报告编制质量的参差不齐埋下了隐患。全国固体废物和化学品管理信息系统公示的文件《全国危险废物鉴别报告复核工作简报(2022年第一期)》显示,国家危险废物鉴别专家委员会对公开的348份鉴别报告进行初步审查,筛选出43份存在可能影响鉴别结论的鉴别报告,主要问题为鉴别结论错误、鉴别对象错误、采样不规范等。

危险废物鉴别作为危险废物管理的关键流程,鉴别结论直接影响到固废后期处置利用方向。而目前鉴别市场混乱,鉴别机构专业性不足,在一定程度上影响了鉴别结果的可靠性和真实性,不利于我国宏观固废管理。

(3) 危险废物鉴别工作缺少应急机制。

当前危险废物鉴别周期一般在2~3个月,最短也需40天左右。但在应对突发环境污染事件时,政府部门、生态环境主管部门、公安等相关执法部门存在废物特性快速鉴别的需求,按照现行的危险废物鉴别工作开展流程,即从资料收集、现场踏勘、采样、样品初筛、鉴别方案制定、样品检测,到出具检测结果,鉴别时长显然无法满足突发环境污染事件对危险废物鉴别的时效性要求。

(4) 危险废物鉴别结论与环境管理制度的衔接。

《国家危险废物名录(2021年版)》第六条规定,经鉴别具有危险特性的,属于危险废物,应当根据其主要有害成分和危险特性确定所属废物类别,并按代码"900-000-xx"(xx为危险废物类别代码)进行归类管理。但由此新增的危险废物代码可会导致危险废物产生单位和经营单位需要对相应的危险废物管理计划、排污许可证、经营许可证及转移计划等进行变更,而以上信息的变更还可能涉及环境影响评价、环境监察、规范化考核、经营许可证管理以及排污许可管理等多个方面,这可能会对危险废物鉴别结果的归类准确性产生影响。

3. 危险废物鉴别发展与展望

(1) 建立健全危废名录和鉴别机制。

对《国家危险废物名录》以及《危险废物鉴别标准》进行补充,提升鉴别的科学性和准确性,注意在完善鉴定原则和方法时,在危险废物种类增加的情况下,需要不断通过完善危险废物的种类与所涉及行业的对应内容,以此在利用先进的科学技术研究相应的鉴别方法时会更加便利,同时也需要注重名录结构和内容的完整性。

制定针对危险废物鉴别与管理的制度。在了解和掌握危险废物管理特殊性以及危险废物的类别等内容的基础上建立并完善该制度,同时确保制度的完整性和有效性,不仅能够提升相关鉴别工作人员的效率,还能够更加快速地对危险废物进行分类,提升治理效果。同时可以建立地区性的会审制度,各地区都能更加重视危险废物的鉴别与管理,不断提升鉴别与处置工作效率。

其次,打造鉴别监管体系。在不断完善危险废物判定策略的基础上,可以构建专业化的危险废物鉴别监管体系,以此不断提升鉴别分析工作的准确性,使得鉴别工作的质量得到有效提升。由于目前有很多关于利用危险废物进行不当处置的案例,再加上危险废物的鉴别技术还有待提升,因此除了需要政府以及相关的生产机关为其提供支持外,还需要建立健全的与危险废物鉴定相关的司法制度,以此来促进自然环境的可持续发展,更好地维护人们的健康。

(2) 优化危险废物鉴别与环境管理制度的衔接。

针对因危险废物鉴别而新增的危险废物代码的情况,制定简化的排污许可证、利用处置许可证及转移计划等变更手续的流程,缩短受理评估时间,适当地优化或减少变更手续环节,并设立手续变更绿色通道,从政策上推动危险废物鉴别工作的开展。

(3) 加强鉴别能力建设。

可以通过提升鉴别技术解决鉴别周期长的问题,使得对危险废物的筛查和鉴别更加快速。鉴别物质中首要是对物质进行溯源分析,尽可能溯源鉴别对象具体原辅材料、生产工艺,从而准确判断鉴别对象主要污染物。除提升溯源手段,现场便携式检测技术的提升也尤为重要。便携式检测技术可以有效提升现场采样效率,帮助鉴别团队对现场有更好的识别。

研究制定危险废物的危险特性分析和环境监测实验室仪器配置标准,以及危险废物鉴别实验室准入条件。重点依托国家以及省级环境监测机构建设危险废物鉴别实验室,加强危险废物鉴别分析测试相关的能力建设,并将危险废物鉴别分析测试工作纳入每年工作计划。鼓励符合要求的社会机构开展危险废物鉴别实验相关工作。

(4) 建立危险废物鉴别应急机制。

不断完善危险废物鉴别标准体系,出台危险废物鉴别应急检测执行程序及相关要求,建立一套完整的、高效的突发环境污染事件应急废物鉴别程序和机制。在保证危险废物鉴别结果准确、真实、可靠的前提下缩短危险废物鉴别的周期,以满足突发环境污染事件应急对危险废物鉴别的时效性要求。此外,加强对提升危险废物鉴别能力的投入,研发危险废物快速初筛技术、快速检测仪器和设备,推动开展危险废物特性现场鉴别。

4.2.3 危险废物的源头管控

要做好危险废物统筹管理,就要从危险废物源头产生环节开始抓,即要进行危险废物源头管控。要做好危险废物源头管控,主要从项目审批、环境准入、清洁生产审核等几个方面入手。

1. 严格涉危建设项目环评审批

对于涉及危险废物的建设项目,根据《中华人民共和国固体废物污染环境防治法》规定,"建设产生、贮存、利用、处置固体废物的项目,应当依法进行环境影响评价,并遵守国家有关建设项目环境保护管理的规定",对于涉及危险废物的建设项目,根据《中华人民共和国固体废物污染环境防治法》规定,"第十七条 建设产生、贮存、利用、处置固体废物的项目,应当依法进行环境影响评价,并遵守国家有关建设项目环境保护管理的规定","第十八条 建设项目的环境影响评价文件确定需要配套建设的固体废物污染环境防治设施,应当与主体工程同时设计、同时施工、同时投入使用"。

涉及产生危险废物的建设项目,应当严格进行环境影响评价,要结合建设项目主辅工程的原辅材料使用情况及生产工艺,强化工程分析,全面合理分析各类危险废物的产生环节、种类、危害特性、产生量、利用或处置方式,科学预测危险废物的产生、收集、贮存、转移、利用和处置量及其环境影响。对危险废物产生强度大以及所产生的危险废物分析不清、无妥善利用或处置方案和风险防范措施的建设项目,不予批准其环评文件。建设项目竣工验收环境保护验收时,应对危险废物产生、贮存、利用和处置情况,风险防范措施、管理计划等进行核查,同时应以环境无害化为前提,提出污染防治对策。

对于危险废物收集、贮存、利用、处置项目,应当坚持就近处置和集中处置原则,符合危险废物污染防治规划及其他有关规划要求。环保部门在审批危险废物收集、贮存、利用、处置建设项目环评文件时,审批部门应当征求同级固体废物管理部门的意见。

为指导和进一步规范建设项目产生危险废物的环境影响评价工作,原环境保护部于2017年发布了《建设项目危险废物环境影响评价指南》(公告2017年第43号)(下文简称《指南》)。《指南》规定了产生危险废物建设项目环境影响评价的原则、内容和技术要求,主要包括工程分析、环境影响分析、污染防治措施技术经济论证、环境风险评价、环境管理要求、结论与建议等专题。《指南》中还重点阐述了固体废物属性判定的技术流程,对照《国家危险废物名录》《危险废物鉴别技术规范》《危险废物鉴别标准》等要求确定所属废物类别。

为了进一步规范建设项目危险废物环境影响评价工作,贯彻环保部公告2017年第43号文件精神,2018年1月原江苏省环境保护厅印发了《关于贯彻落实建设项目危险废物环境影响评价指南要求的通知》(苏环办〔2018〕18号)(下文简称《通知》)。该《通知》在原环保部公告2017年第43号文件的基础上,提出了"对已通过环评审批、未开工建设的项目"进行自查,核实危险废物属性、产生量、种类等错评、漏评等情形。同时根据变动情形，编制《建设项目变动环境影响分析》，纳入竣工环境保护验收管理，或按现行审批权限重新报批该项目环境影响评价文件；对建设、运行过程中产生不符合经审批的环境影响评价文件情形的项目，建设单位应当组织环境影响后评价，采取改进措施，并报有关环境影响评价文件审批部门备案。

2020年3月，上海市生态环境局印发《关于进一步加强上海市危险废物污染防治工作的实施方案》（下文简称上海市《实施方案》）。上海市《实施方案》在"加强危险废物源头管控"要求上与苏环办〔2018〕18号文件类似，明确要求"加强产生危险废物建设项目环评审批管理"，"强化产生危险废物建设项目环评事中事后监管"。对危险废物数量、种类、属性、贮存设施阐述不清的、无合理利用处置方案的、无环境风险防范措施的建设项目，不予批准其环评文件。上海市《实施方案》中还强调了对"副产品"的管控要求，需严格对照《固体废物鉴别标准通则》（GB 34330—2017），依据其产生来源、利用和处置过程等进行鉴别，禁止以副产品的名义逃避监管。环评文件中要求开展废物属性鉴别的，应在环评文件中给出详细的危险废物特性鉴别方案建议。建设单位应在建设项目竣工验收前及时开展废物属性鉴别工作，并将鉴别结论和环境管理要求纳入验收范围，在废物属性明确前应暂按危险废物从严管理。

2. 严格涉危建设项目环境准入

工业企业产生的很多环境问题从根源上讲，是源于初端预防机制建设不足，或实施效果不佳。因此，环境准入制度是预防环境污染和生态破坏的第一道防线，是从源头控制污染的重要管理制度。以工业园区为例，不少园区刚刚起步，不具备基础设施的配套条件，就忙于招商会、洽谈会，使得园区项目的准入门槛非常低。在没有产业经济基础、人才优势、发展缓慢、无竞争优势的情况下，出台一些以牺牲国家利益为代价的"优惠政策"，以超低的地价，甚至零地价作为砝码来吸引投资者。为了实现经济的发展，有的园区以牺牲环境为代价，将国家明令禁止的污染重、生产规模小、生产危险废物源头管控工艺落后的项目也引进园区，甚至还出现把境外无法立足的重污染源乘机转移进园区的情况，完全违背了可持续发展的理念。

园区项目的选择应符合国家产业政策和行业发展方向，适合本园区特色，对入园项目要进行严格筛选、科学论证、有所取舍，对那些不符合规划定位、不能发挥园区特色的项目，要敢于放弃。要选择产品新、效益好、科技含量高的项目，避免一些国家和地区将低档次产品或技术落后、污染大的项目转移到我国。对投资者的业绩资质也应进行审核。

为了解决某些工业园区及化工园区建设时对环境影响评价等制度落实不到位,给后续环境污染问题埋下隐患的难题,并杜绝因后续环评流于形式而污染环境的现象,长三角地区近年来陆续出台相关行业政策,加强涉危项目环境准入制度的建设。

2017年8月,原安徽省环境保护厅印发《安徽省"十三五"危险废物污染防治规划》(下文简称《规划》)。《规划》提出了强化危险废物源头管理、提高危险废物处理处置水平、夯实监管基础能力建设等重点工作任务,要求"严格执行国家产业政策、'十三五'生态环境保护规划等相关规划及危险废物利用行业准入条件"。

江苏省《省政府办公厅关于江苏省化工园区(集中区)环境治理工程的实施意见》(苏政办发〔2019〕15号)中,将"严格建设项目准入"作为一大项工作任务:禁止审批"无法落实危险废物合理利用、处置途径的项目";从严审批"危险废物产生量大、园区内无配套利用处置能力或设区市无法平衡解决的化工项目";"对年产危险废物量500 t以上且当年均未落实处置去向,以及累计贮存2 000 t以上的化工企业,督促企业限期整改,未按要求完成整改的,依法依规予以处理。"

浙江省人民政府于2021年9月印发《浙江省强化危险废物监管和利用处置能力改革实施方案》(浙政办发〔2021〕53号)(下文简称浙江省《实施方案》)。浙江省《实施方案》提出严格环境准入把关,"产生危险废物的项目立项时应充分考虑与已建项目资源耦合、与利用处置能力匹配,从严把关危险废物产生量大且处置出路难的建设项目。依法对已批复的利用处置项目和年产废量100 t以上重点行业建设项目环境影响评价文件开展复核。"

3. 推进清洁生产审核

根据《中华人民共和国清洁生产促进法》,清洁生产的定义是:"不断采取改进设计、使用清洁的能源和原料、采用先进的工艺技术与设备、改善管理、综合利用等措施,从源头削减污染,提高资源利用效率,减少或者避免生产、服务和产品使用过程中污染物的产生和排放,以减轻或者消除对人类健康和环境的危害。"通俗地说,清洁生产是一种工业生产方法,通过产品设计、能源和原料选择、技术革新、设备更新、工艺改造、生产过程管理和物料内部循环利用等环节的全过程控制,可以提高物质转化过程中的资源利用率,最大限度地减少废物的生成和排放,是使工业生产废物资源化、减量化、无害化的源头控制模式。

清洁生产包括清洁的产品、清洁的生产过程和清洁的服务三个方面,主要内容有:①从资源节约和环境保护两个方面对工业产品生产从开始设计到产品使用过程直至最终处置,实行全过程考虑和要求;②不仅对生产,而且对服务也要求考虑对环境的影响；③对工业废弃物实行费用有效的源头削减，一改传统的不顾费用有效或单一末端控制的方法；④可提高企业的生产效率和经济效益，与末端处理相比，更能受到企业的欢迎；⑤它着眼于全球环境的彻底保护，为全人类共建一个洁净的地球带来了希望。因此，清洁生产对产品的全部生产过程和消费过程的每一个环节都要进行统筹考虑和控制，使所有环节都不产生或者尽量少产生危害环境的物质，这对于危险废物从产生源头削减到末端处置全过程管理具有重要意义。

清洁生产制度是风险预防原则和危险废物产生最小化原则的集中体现，其基本精神就是源头削减。它体现了粗放型生产模式向集约型生产模式的转变，标志着从污染末端的事后治理向风险预防的事前防范的转变。就危险废物管理来说，发展中国家工业化学品产量增加，对能源、资源的需求，污染物的产生（生产过程中、产品使用过程中以及产品变成废物后的污染物）以及产生的废物量都有影响。因此，提高国内清洁生产水平，将是发展可持续经济增长战略、减轻工业废物环境影响的一个重要组成部分。

清洁生产以预防污染为主，通过改进生产工艺，将废物管理的控制手段向生产过程的上游转移，从而减少对下游控制手段的过分依赖，避免用末端治理手段解决危险废物造成的环境问题。它不仅可以减少危险废物的产生量，而且可以通过工艺的改进以及原材料的筛选减轻甚至消除废物的危害性或毒性。

2019年《浙江省工业固体废物专项整治行动方案》中提出要大力推进清洁生产审核，"鼓励引导工业企业开展自愿性清洁生产审核。以电力、热力生产和供应业，非金属矿采选业，黑色金属冶炼和压延加工业，非金属矿物制品业，造纸和纸制品业等工业固体废物产生量大的行业为重点，依法对相关企业实施强制性清洁生产审核。"

2021年5月，《国务院办公厅关于印发强化危险废物监管和利用处置能力改革实施方案的通知》（国办函〔2021〕47号）（下文简称《实施方案》）要求"强化危险废物源头管控"，支持推动源头减量化，研发和推广废物减量化生产工艺和设备，与清洁生产的环保理念不谋而合。为贯彻落实该《实施方案》相关要求，长三角地区陆续印发了本地区工作方案，以提升危险废物监管和利用处置能力，有效防控危险废物环境与安全风险。

《上海市人民政府办公厅关于印发〈上海市强化危险废物监管和利用处置能力改革实施方案〉的通知》（沪府办规〔2022〕8号）强调"强化危险废物源头管控"，"研发、推广减少工业危险废物产生量和降低工业危险废物危害性的生产工艺和设备。"

2023年1月,《安徽省人民政府办公厅关于印发强化危险废物监管和利用处置能力改革工作方案的通知》(皖政办秘〔2023〕4号),明确提出"推进清洁生产审核,减少固体废物产生的种类、数量和危害性"。

江苏省《省政府办公厅关于印发江苏省强化危险废物监管和利用处置能力改革实施方案的通知》(苏政办发〔2022〕11号),要求推进危险废物源头减量,"广泛深入推进清洁生产,对危险废物经营单位和年产生量100 t以上的危险废物产生单位全面落实强制性清洁生产审核。"

《浙江省人民政府办公厅关于印发浙江省强化危险废物监管和利用处置能力改革实施方案的通知》(浙政办发〔2021〕53号)在产废减量化设备和生产工艺的基础上,进一步提出"绿色原辅材料源头替代""'无废工厂'建设""鼓励产废单位开展内部循环利用"的理念。

4.2.4 危险废物全过程管理风险评估体系

危险废物全过程管理是一个复杂的过程,影响其风险性的因素很多,单一性指标难以全面反映危险废物处置管理全过程的风险水平,必须采用一系列指标对危险废物全过程管理的环境风险影响的主要方面和主要层次进行全方位评价。因此,在建设评估指标体系时,需要明确一个研究框架,再对大量危险废物风险评估有关信息加以综合与集成。

危险废物从产生到最终处置是一个风险性极大的过程,且存在着诸多风险因素,因此针对危险废物全过程管理风险进行评估的指标体系框架采用树形结构。树形结构框架不同层面的指标之间具有从属关系,下一层次的指标从属于上一层次的指标并依次类推,最后的指标是位于树状结构顶端的综合指标。这种结构有助于危险废物全过程管理风险因素指标之间的分类,同时也可以把指标之间的关系清晰地表现出来。

由于危险废物全过程管理风险带有不确定性,后果又非常严重,而其影响因素又常是多种风险因子相互作用的后果,因此,研究环境风险评估指标体系,选择合理的风险因素指标是危险废物环境风险评估与管理的关键环节之一。

虽然危险废物全过程管理的风险因素较多且复杂,但综合研究来看,其风险因素指标主要由其本身特性风险和全过程管理过程中产生的风险两大风险因素指标构成,而这两个风险因素指标又由若干个分支风险因素构成。

1. 危险废物特性风险因素识别

危险废物的特性风险是危险废物全过程管理的重要风险因素之一,它是废物产生给环境带来的自身风险,其中包括废物的数量、毒性、易燃性、易爆性、腐蚀性、反应性、浸出毒性等特性风险。

2. 危险废物处置管理风险因素识别

危险废物处置管理风险是指危险废物从产生到最终处置过程中存在的管理风险因素，人为参与活动较多，其中包括危险废物产生单位的环境风险管理、危险废物收集贮存运输过程产生的风险以及危险废物处置过程风险三个方面。

1）危险废物产生单位风险因素识别

危险废物产生单位存在的风险主要存在于产生单位对危险废物产生、收集、贮存等方面的污染防治措施，产生单位对危险废物管理制度制定（包括管理计划制度、危险废物申报登记制度、危险废物转移联单制度、经营许可证制度、应急预案制度等）以及人员培训情况等方面。

2）危险废物收集贮存运输过程风险因素识别

危险废物收集贮存过程的风险主要有危险废物包装、装卸运输操作，运输工具和路线选择，危险废物贮存容器，废物贮存分类管理，贮存库运行及操作，应急能力及环境风险管理能力等方面。

（1）贮存环节风险点。

①固态危险废物散落及液态危险废物的外泄。

在危险废物出入库的装卸过程中，可能由于操作不当致使固态危险废物散落或飞扬、液态危险废物外泄。

在危险废物贮存过程中，由于危险废物的包装破损、腐蚀等因素，造成危险废物的泄漏；或在危险废物库内的搬运、转移等作业过程中，由于操作不当致使包装物破损或其他原因导致的危险废物泄漏、散落，液体废物外泄。

②有毒有害气体的有组织排放及无组织排放。

对于封闭式贮存设施，通过采取集中通风排放技术措施，经排气筒排放库内含有的有毒有害成分气体的情况，属于有组织排放。

危险废物贮存库未采取集中通风排放的技术措施，而向大气中自由扩散有毒有害气体的情况，属于无组织排放。

（2）运输环节风险点。

危险废物的运输主要包括装卸过程和通过水路、铁路或公路转移危险废物的过程。虽然危险废物可能存在有毒有害化学物质，还有很多化学性能不稳定的物质，但如果严格按照法规和标准的要求，根据危险废物的性质、成分、形态及污染防治和安全防护要求，选择安全的包装材料并进行分类包装，在正常装卸和运输的情况下，是不会产生环境风险的。

唯一可能存在的风险是发生事故，导致危险废物倾洒或泄漏。当泄漏地点是在道路或周边土地时,《中华人民共和国环境保护法》《中华人民共和国突发事件应对法》《国家突发环境事件应急预案》《突发环境事件应急管理办法》等规定,及时采取突发环境事件风险防控措施,包括有效防止泄漏物质扩散至外环境的收集,导流、拦截、降污等措施,一般情况下风险可控。当泄漏地点是河流、湖泊等地表水时,有毒有害化学物质很有可能全部排入水环境,对水中生物造成危害。

3) 危险废物处置过程风险因素识别

危险废物最终安全处置技术主要有焚烧和填埋两种方式,因此,危险废物处置过程风险因素按照这两种方式存在的风险因素分别进行分析识别。

(1) 危险废物焚烧(含预处理)过程风险因素识别

危险废物焚烧(含预处理)过程产生的风险主要有焚烧处置设施能力及工艺,焚烧设施系统组成,预处理及进料系统操作,焚烧设施性能指标,焚烧系统设施,厂区及道路规划,环境敏感性,应急能力以及环境风险管理能力等方面。

(2) 危险废物填埋(含固化/稳定化)过程风险因素识别

危险废物填埋(含固化/稳定化)过程风险产生的方面主要有填埋处置设施能力及工艺,填埋设施系统组成,填埋操作,厂区道路规划,环境敏感性,应急能力及环境风险管理能力等方面。

因为危险废物利用的方式、工艺等各不相同,在确定利用过程的风险点时,需要收集以下基本信息,包括:①危险废物的利用类型,如行业类型、使用方式、主要用途、暴露途径等;②使用的持续时间、使用的频率;③使用的技术条件(如:工艺流程、工艺污染程度、环境条件等);④危险废物的物理形态;⑤危险废物中化学物质使用活动的用量和排放量;⑥化学物质在产品中的浓度;⑦其他与使用相关的操作条件,如:受体环境的受纳能力,主要指污水处理厂或河流的水流量等;⑧与环境相关的风险管理措施。

经过对危险废物全过程管理风险因素识别,其风险评估指标体系如图4.2-1所示。

3. 评估体系展望

危险废物全过程环境风险方法的探索为危险废物环境风险管理起到了一定的指导作用,但是由于国内外在该领域的研究工作和特定体系较少,在实际工作开展过程中难免存在不足和制约。

(1) 有毒有害化学物质成分及含量确定困难。

对于来源固定、产生工艺相对简单的危险废物,生产企业往往能确定该危险废物可能含有的化学物质及含量,有利于后续工作的开展。但对于来源广泛、成分复杂的危险废物,区分其中含有的每种有毒有害化学物质及含量存在一定困

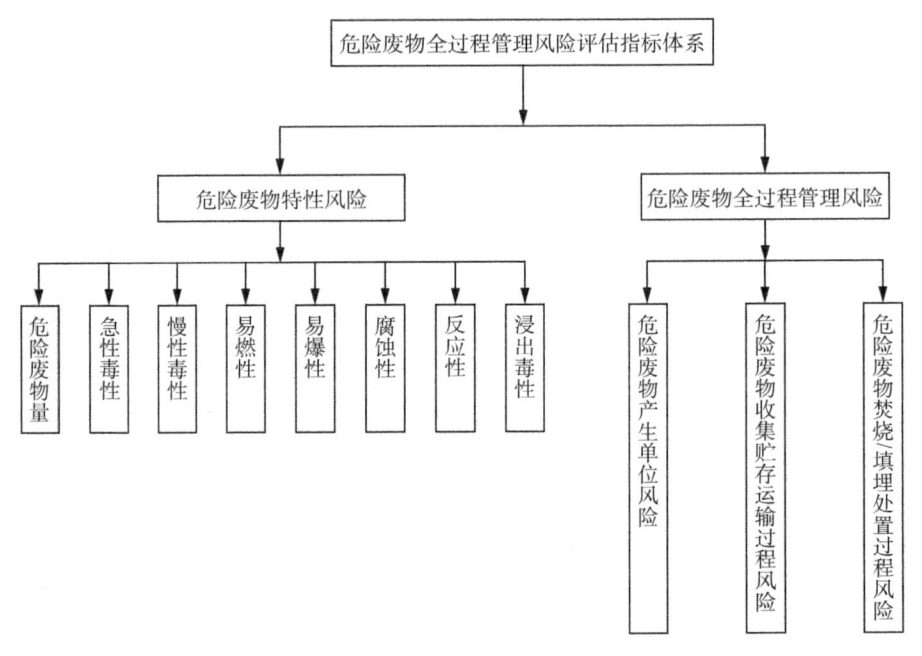

图 4.2-1　危险废物全过程管理风险指标体系

难。另外,是否对危险废物中的每种化学物质进行风险评估,以及开展环境风险评估的有毒有害化学物质含量和危害类别也需要深入研究,提出切实可行的要求。

(2) 危害效应评估工作量巨大。

每种化学物质都存在多种危害属性,无论是采用评估系数法、相平衡分配法或物种敏感度分布法等方法,估算化学物质长期或短期暴露不会对环境介质产生不利效应的浓度,还是分析化学物质经不同途径对人体健康的危害效应,确定对人体健康的危害机理和剂量(浓度)-反应(效应)关系评估,都需要收集大量危害数据,并开展数据质量评估,才能将相关数据运用到危害效应评估中。数据的可获得性以及数据质量的可靠性需要投入大量时间和精力来保障。

(3) 模型参数的获取存在困难。

在进行暴露评估阶段,需要确定评估物质在各个环境介质的存在情况。如有评估物质在环境介质中的监测数据最好,可以直接进行应用。但实际中往往缺少境介质中的监测数据,这就需要通过模型进行预测。为保证暴露情形的客观真实,须收集贮存、运输、利用、处置各个环节的暴露参数信息,然后应用相关的扩散参数、风速、水流速度等。

（4）存在不确定性。

危险废物环境风险评估存在着不确定性，如：风险本身的不确定性特征，模型选择带来的不确定性，危险废物含有的多种化学物质之间的作用机理存在不确定性等，因此不确定性问题处理将一直伴随着环境风险评价研究的始末。它的存在直接影响着危险废物环境风险评价理论研究，突破各种定量化处理不确定性的理论和方法，并尽快与实践应用相结合，才能提高环境风险评价工作的质量。我国危险废物环境风险评估理论研究方兴未艾，在理论研究和实践运用过程中仍有很多问题需要不断摸索。随着科学的进步，危险废物环境风险评估理论研究的不断深入，检测手段的进一步提升，相关危害预测和暴露预测模型的不断成熟，危险废物环境风险评估将会在危险废物环境管理中发挥巨大的作用。

实践探索篇

5 无废城市、无废园区

5.1 "无废城市"

5.1.1 "无废城市"建设背景

"无废城市"是一种先进的城市管理理念,源于国际"零废弃"(Zero Waste)概念,旨在持续推进固体废物源头减量和资源化利用,最大限度减少填埋量,将固体废物环境影响降至最低。为填补发展中国家开展城市固体废物管理的空白,我国于 2018 年启动"无废城市"建设。2018 年 12 月,国务院办公厅印发《"无废城市"建设试点工作方案》,长三角地区中安徽省铜陵市、江苏省徐州市、浙江省绍兴市入选国家首批"11+5"试点城市,并于 2019 年 5 月启动"无废城市"试点工作,旨在促进城市固体废物的综合利用与大幅度减量,提升固体废物治理体系和治理能力,形成一批"无废城市"建设可复制与可推广的示范模式。2021 年,在总结第一批"11+5"试点工作经验的基础上,生态环境部等部门联合印发《"十四五"时期"无废城市"建设工作方案》,要求推动 100 个左右地级及以上城市开展"无废城市"建设,探索走向"无废社会"的实施路径。2021 年 11 月,《中共中央 国务院关于深入打好污染防治攻坚战的意见》也明确提出,要稳步推进"无废城市"建设,鼓励有条件的省份全域推进"无废城市"建设。长三角地区迅速响应国家政策号召,浙江省于 2020 年启动全域"无废城市"建设,成为全国首个全省域开展"无废城市"建设的省份。2022 年,江苏省政府工作报告提出要把抓好全域"无废城市"建设列入重点工作任务。此外,长三角地区多个城市被列入全国"十四五"时期"无废城市"建设名单,其中安徽三市(合肥市、马鞍山市、铜陵市)、江苏省九市(南京市、无锡市、徐州市、常州市、苏州市、淮安市、镇江市、泰州市、宿迁市)、上海市入选;浙江省 11 个设区市全部入围,成为全国唯一

"无废城市"设区市全覆盖的省份。

"十四五"时期以来,长三角地区各省、市、直辖市相继印发"无废城市"建设工作方案,提出要统筹推进一般工业固体废物、危险废物、生活垃圾、建筑垃圾、农业废弃物污染防治工作,提升固体废物治理体系和治理能力现代化水平。在"无废城市"建设背景下,长三角地区危险废物管理工作也由此步入了一个新的阶段。

5.1.2 "无废城市"建设中危险废物相关指标和要求

针对长三角地区危险废物管理中存在的薄弱环节和难点问题,各地因地制宜从源头减量、资源化利用、最终处置以及监督管理等方面设置了相关指标和要求。

源头减量方面,设置了"工业危险废物产生强度"(每万元工业增加值的工业危险废物产生量)这一综合指标,用于全面降低工业危险废物的产生量,推进产业结构优化调整,倒逼危险废物产生强度高的产业源头减量。

资源化利用方面,设置了"工业危险废物综合利用率"(工业危险废物综合利用量与工业危险废物产生量的比率)这一综合性指标,用于促进工业危险废物综合利用,减少工业资源、能源消耗。

最终处置方面,设置了"工业危险废物填埋处置量下降幅度"(城市工业危险废物填埋处置量与基准年相比下降的幅度)指标,用于促进减少工业危险废物填埋处置量,提高工业危险废物资源化利用水平;按照危险废物细分类别,分别设置了"生活垃圾焚烧飞灰利用处置率"(城市当年生活垃圾焚烧飞灰的利用处置量占当年生活垃圾焚烧飞灰产生量的比率)"化工废盐利用处置率"(城市当年化工废盐的利用处置量占当年化工废盐产生量的比率)"医疗废物应急处置能力"(应急处置协调机制及资源配置情况)等指标,以提升不同类别的危险废物利用处置能力;为进一步完善危险废物收集体系,提高危险废物收集处置能力,设置了"社会源危险废物收集处置体系覆盖率"(纳入危险废物收集处置体系的社会源危险废物产生单位数量占社会源危险废物产生单位总数的比例)"医疗废物收集处置体系覆盖率"(城市纳入医疗废物收运管理范围,并由持有医疗废物经营许可证单位进行处置的医疗卫生机构占比)等指标。

监督管理方面,通过设置"纳入危险废物全生命周期监控系统的重点涉废企业视频联网率"(视频监控已接入危险废物全生命周期监控系统的重点涉废企业的比例)"危险废物经营单位环境污染责任保险覆盖率"(投保环境污染责任保险的危险废物经营单位数量占危险废物经营单位总数的比例)"危险废物规范化管理抽查合格率"(危险废物产生单位和经营单位进行规范化管理抽查考核评估得到的合格率)"危险废物自建焚烧设施在线监控联网率"(危险废物自建焚烧设施企业在线监控工况联网的数量占全部危险废物自建焚烧设施企业总数的比率)等指标,要求实现危险废物全过程信息化监管。

5.1.3 "无废城市"建设中的创新与亮点工作

1. 致力实现"趋零填埋"

长期以来,填埋是长三角地区焚烧灰渣、废盐等危险废物的主流无害化处置方式,但填埋仍然存在一定的土壤和地下水环境污染风险,还会造成一定的资源浪费。因此,长三角地区在焚烧飞灰、废盐资源化利用方面积极探索危险废物"趋零填埋",生态环境部将其列入了"十四五"国家"无废城市"探索创新任务。

目前句容、盐城、杭州、衢州等地已经相继建成焚烧飞灰水洗设施,通过采取水泥窑协同处置措施,打造"飞灰水洗+水泥窑协同处置"的资源化利用新模式,经水洗后的飞灰,氯离子降至水泥窑入窑物料标准,作为水泥原料页岩的替代物并得到充分资源化利用;水洗产生的废水,通过蒸发结晶提取副产钠盐和副产钾盐,可用于下游化工企业生产原料。海安飞灰等离子体熔融项目于2020年完成环保验收,取得了全国首张采用等离子体工艺处理生活垃圾焚烧飞灰的危废经营许可证。与采用化石能源为主的处理技术相比(如:燃料式熔融或水泥窑协同),该项目采用垃圾焚烧所发出的绿电,处理每吨固废焚烧残余物减碳量约 $464\sim871$ kg CO_2;固废焚烧残余物整体资源利用率大于95%,产生的玻璃体、融雪剂或钠钾盐可作为其他行业的原料和产品实现碳减排。嘉兴市建成了国内首套"飞灰水洗+高温熔融"处理设施,打通垃圾焚烧飞灰资源化利用通道。

浙江衢州市依托巨化集团、智造新城高新产业园,在上下游企业间建立了产盐用盐资源化利用产业链,实现工业园区内废盐循环利用。产盐企业通过去除杂质和MVR蒸发结晶产生副产盐,达到用盐企业原材料标准,代替部分工业盐制碱。衢州智造新城主要产盐企业豪邦化工和主要氯碱生产企业巨化电化厂已经建立废盐制离子膜烧碱的点对点废盐综合利用模式。江苏属于我国主要废盐产生区域,因此长期以来致力于解决废盐资源化难题,建设了一批废盐资源化利用优质项目。其中,江苏杭富环保科技有限公司5万t废盐危废资源化项目在泰兴市落地,其处置工艺获得国家科学技术进步一等奖。江淮环保化工废盐无害化及资源化项目,在化工废盐热化学处理、再生资源利用技术等方面取得重大技术突破,属于国内首创,国际领先技术。长三角地区废盐资源化项目填补了各地废盐资源化利用的空白,投产后不仅可以在下游企业间建立资源化利用产业链,更可有效解决当地化工园区乃至周边区域产生的化工废盐处置问题。

2. 废铅蓄电池循环利用

江苏天能资源循环科技有限公司年 25 万 t 废铅蓄电池(含铅废料)无害化综合利用项目,遵循绿色循环理念,按照国家清洁生产一级标准,配套了国际最先进的自动化、智能化生产装备和环保治理装备,采用富氧侧吹、烟气制酸、离子液脱硫先进技术工艺,同时依托天能在江苏及周边省份建设的回收体系,进行废旧铅蓄电池回收和无害化综合利用,实现铅蓄电池的全生命周期管理。该项目还将进一步推动天能落实生产者责任延伸制度,全力构建闭环式循环经济生态圈,引领产业绿色可持续发展,助力"无废城市"建设和"双碳"目标实现。

湖州市长兴县作为全国铅蓄电池重要生产基地,以数字化改革为契机,搭建"铅蛋"废铅蓄电池回收综合服务平台,通过一大驾驶舱和投售竞价、接单转运、规范回收三个子场景的综合运用,推动废铅蓄电池规范化回收利用,加速废铅蓄电池再生利用闭环,实现经济效益、社会效益和生态效益同步提升,基本实现废铅蓄电池资源全量利用。

3. 危险废物全生命周期监管

江苏省积极探索建设危险废物全生命周期监控系统,形成了集危险废物实时申报、过程追踪、视频监控、提醒预警、自由交易等功能于一体的业务管理和监督平台。截至 2022 年 10 月,系统涵盖用户 6 万余家、危险废物产生源 34.7 万个、危险废物贮存设施 7.8 万个。该系统在全国实现了"三个率先"和"三大变革"。"三个率先"分别为:率先在全省域推行"电子二维码"管理,率先实现危险废物全过程线上监控,率先做到供需双方线上直接交易。"三大变革"分别为:申报方式变革,实时申报解决底数不清问题;管理方式变革,风险预警解决情况不明问题;服务方式变革,强化小微企业收集管理,解决监管盲区问题。

5.2 "无废园区"

5.2.1 "无废园区"建设背景

工业园诞生于 20 世纪 50 年代的发达国家,并在第三次科技革命中迅速发展。我国自 1979 年首个工业园区——蛇口工业区设立以来,截至 2018 年,全国各类工业园超 22 000 个,到 2021 年 4 月,我国国家级开发区和省级开发区共有 2 728 家。工业园区成为我国经济发展和城镇化发展的关键载体和重要动力,是工业集约集聚发展、支撑制造强国战略的核心载体。但同时,也是污染物排放最高、环境隐患最为突出的区域。近年来,国家对生态环境保护的重视程度不断提升,污染治理力度之大、制度出台频度之密、执法督察尺度之严前所未有。在这样的背景下,作为生态环境保护重点管控对象的工业园区,环境管理工作的重要性和需求持续凸显。因此,对工业园区实施系统、有效的环境管理和风险防控,是保障工业健康有序发展的必要手段,是实现工业生产节能降耗减碳的重要途径。

生态环境部固体废物与化学品司主持编写的《无废城市建设:模式探索与案例》一书中,专设"'无废园区'建设"章节,收录了"创建'无废园区' 打造城市绿色循环典范——北京经开区工业园区绿色升级循环模式""构建产业循环体系 实现废物综合利用——西宁市技术创新构建无废园区模式""城市固体废物协同共治、资源耦合,破解'邻避效应'——三亚市循环经济产业园建设模式""构建区内循环为主,外销为辅的'多元利用'路径——包头市'包钢无废园区'建设模式"。

2021年12月,生态环境部、发展改革委等18个部委联合印发《"十四五"时期"无废城市"建设工作方案》,推动100个左右地级及以上城市开展"无废城市"建设,鼓励区域和全域"无废城市"建设。明确提出,要加快绿色园区建设,推动园区企业内、企业间和产业间物料闭路循环,实现固体废物循环利用。2021年11月,《工业和信息化部关于印发〈"十四五"工业绿色发展规划〉的通知》(工信部规〔2021〕178号),提出鼓励有条件的园区和企业加强资源耦合和循环利用,创建"无废园区"和"无废企业"。

5.2.2 "无废园区"建设中危险废物相关指标和要求

1. 上海市

2023年11月,上海市生态文明建设领导小组办公室印发《上海市"无废细胞"建设评估管理规程(试行)》《上海市"无废细胞"建设评估细则(2023版)》,其中未涉及"无废园区",但"无废工厂"提到了危险废物相关指标和要求,具体如下:

1) 工业危险废物产生强度实现稳步下降(4分)

指标计算:工业危险废物产生强度=工业危险废物产生量/工业总产值

工业危险废物产生强度变化率=上年工业危险废物产生强度/基准年工业危险废物产生强度$\times 100\% - 100\%$

2) 工业危险废物规范贮存(6分)

危险废物按照相关要求规范分类贮存的,得2分;贮存设施满足GB

18597等建设要求的,得2分;按照危险废物类别规范建立相应管理台账,且台账记录规范、真实的,得2分。

工业危险废物贮存存在随意堆放、混有其他杂物、对周边环境造成严重损害等重大问题的,一票否决。

3) 工业危险废物收集转运规范(5分)

建立危险废物收运管理体系的,得1分;制定危险废物管理计划,转移过程执行联单制度的,得2分;危险废物重点监管单位试点电子标签、开展视频监控的,得2分。

工业危险废物接收单位存在资质不全,未启用电子联单等重大问题的,一票否决。

4) 工业危险废物综合利用率进一步提升(2分)

工业危险废物综合利用率(%)=上年工业危险废物综合利用量/(上年工业危险废物产生量+上年综合利用往年贮存量)×100%。

工业危险废物综合利用提升率(%)=上年工业危险废物综合利用率-基准年工业危险废物综合利用率。

每提升2个百分点,得1分,不到2个百分点不得分。

5) 工业危险废物处置规范(2分)

依法委托有许可证的单位处置工业危险废物,得2分。

6) 加分项

推动危险废物点对点豁免利用的,加1分。

2. 江苏省

2023年4月,江苏省生态环境厅印发《江苏省"无废园区"(化工园区)建设工作方案(试行)》(以下简称"工作方案"),工作方案从源头减量、收贮运、利用、处置、监管等五个方面提出15项建设任务。共设置8项指标,其中涉及危险废物的主要有6项。

1) 工业固体废物产生强度

目标值:以2022年为基准年(下述指标不再列出),到2025年,园区工业固体废物产生强度逐年下降。

指标解释及计算方法:指工业企业每万元工业增加值的工业固体废物产生量,工业固体废物包括一般工业固体废物和危险废物。

工业固体废物产生强度(吨/万元)=(工业固体废物产生量-企业自行利用处置工业固体废物量)÷工业增加值。

2) 危险废物综合利用率

目标值:到 2025 年,危险废物在园区内综合利用率逐年增长。

指标解释及计算方法:指危险废物综合利用量与危险废物产生量(包括综合利用往年贮存量)的比率。

危险废物在园区内综合利用率(%)=危险废物在园区内综合利用量÷(当年危险废物产生量+综合利用往年贮存量)×100%。

3) 危险废物在园区及设区市内处置消纳率

目标值:到 2025 年,焚烧处置的危险废物在园区内消纳率原则上应达到 60%以上,焚烧填埋处置的危险废物在设区市内消纳率原则上应达到 80%以上。

指标解释及计算方法:焚烧处置的危险废物在园区内消纳率:指企业自行焚烧或委托园区内经营单位焚烧处置量占比。

焚烧处置的危险废物在园区内消纳率(%)=(企业自行焚烧处置量+委托园区内经营单位焚烧处置量)÷(企业自行焚烧处置量+委托经营单位焚烧处置总量)×100%。

焚烧填埋处置的危险废物在设区市内消纳率(%)=(企业自行焚烧填埋处置量+委托设区市内经营单位焚烧填埋处置量)÷(企业自行焚烧填埋处置量+委托经营单位焚烧填埋处置总量)×100%。

4) 飞灰、化工废盐综合利用率

目标值:到 2025 年,飞灰、化工废盐综合利用率显著增长。

指标解释及计算方法:指飞灰、化工废盐综合利用量与飞灰、化工废盐产生量(包括综合利用往年贮存量)的比率,其中飞灰包括危险废物焚烧、热解、等离子体、高温熔融等处置过程产生的飞灰及生活垃圾焚烧飞灰;化工废盐指根据《危险废物环境管理指南 化工废盐》,经鉴别属于危险废物的化工生产过程或废水处理过程产生的含有有毒有害成分的含盐废液或固体废盐,具体产生环节见管理指南"3 主要化工行业化工废盐产生环节"。

飞灰、化工废盐综合利用率(%)=飞灰、化工废盐综合利用量÷(当年飞灰、化工废盐产生量+综合利用往年贮存量)×100%。

5) "无废园区"建设保障措施

目标值:到 2025 年,"无废园区"建设保障措施落实到位。

6) 固体废物管理信息化监管情况

目标值:到 2025 年,实现对一般工业固体废物、危险废物全过程信息化可追溯。

3. 浙江省

2022年11月，浙江省生态环境厅印发《浙江省"无废城市细胞"建设评估管理规程（试行）》和《浙江省"无废城市细胞"建设评估指南》，其中针对工业固体废物污染防治提出以下要求：

工业园区、企业集团、工厂等单位应严控高耗能、高排放项目，大力发展循环经济和绿色低碳产业。推行产品绿色设计，构建绿色供应链。开展清洁生产，采用有利于减少工业固体废物产生的生产工艺，从源头节约原辅材料。工业固体废物利用处置设施能力应与生产相适应。工业固体废物应进行分类，建立符合规范且满足需求的贮存场地。小微源危险废物纳入收运体系，采用工业固体废物转移电子联单，实现工业固体废物数据实时查询追溯。着力提高工业固体废物综合利用率，构建回收利用体系，规划布局关联产业项目，形成"资源—产品—废弃物—再生资源"闭合式循环发展模式。制定明确到岗位职责的危险废物管理制度，规范管理电子台账，委托有资质单位及时安全处置，落实产生、贮存、转移、处置全过程信息化闭环监管。医疗废物在医疗机构内产生、收集和暂存，运输到资质单位安全处置，采用数字化监管手段，全程加强人员、设施和制度建设，推动可回收物纳入回收管理体系。

4. 安徽省

2024年2月，安徽省经济和信息化厅、安徽省生态环境厅发布了《关于组织开展"无废园区""无废企业"典型案例征集工作的通知》，其基本要求如下：

1) 无废园区

申报单位原则上应符合以下要求：

（1）园区内工业固体废物综合利用率≥90%，或近三年综合利用率累计提高20个百分点以上。

（2）工业固体废物产生强度近三年累计降幅≥10%。

（3）近三年未发生较大及以上污染事故、生态破坏事件。

（4）列入强制清洁生产审核名单的企业应全部通过审核验收。

（5）信息化管理手段完善，园区内工业固体废物的种类、数量、流向、贮存、利用、处置等信息详实准确。

2) 无废企业

申报单位原则上应符合以下要求：

（1）工业固体废物综合利用率≥80%，或近三年综合利用率累计提高20个百分点以上。

（2）单位产品工业固体废物产生量显著低于同行业平均水平，或近三年累计降幅≥10%。

（3）近三年未发生较大及以上污染事故、生态破坏事件；未被列入失信企业名单。

（4）工业固体废物贮存、处置设施符合国家相关标准、规范要求。

（5）建有固体废物管理信息化平台（系统），工业固体废物的种类、数量、流向、贮存、利用、处置等信息详实准确，能够实现可追溯、可查询。

5.2.3 "无废园区"建设典型案例

1. 上海市

1）天马无废低碳环保产业园

天马无废低碳环保产业园位于上海市松江区佘山镇内，北侧紧邻青浦区，园区总占地面积约1 000亩。园区规划对标最高环保标准和先进管理理念，是上海环境集团倾力打造的集固废处理与循环利用、技术研发与人才培养、科普宣传展示与环境友好体验于一体的多功能现代化的环保园区。天马无废低碳环保产业园鸟瞰图见图5.2-1。

图5.2-1 天马无废低碳环保产业园鸟瞰图

目前园区垃圾焚烧能力达3 500 t/d，湿垃圾资源化能力达530 t/d，建筑垃圾资源化能力达1 800 t/d，承担了松江、青浦两区全量的干垃圾焚烧处理，以及松江区全量的湿垃圾和建筑垃圾的资源化处理任务，实现了松江区与青浦区生活垃圾焚烧处理设施的协同。

拥有协同共享、系统为先、绿色低碳、数智互联四大特点。在协同共享方面，园区致力于实现"十大协同共享系统"，包括能源共享（热力共享、电力共享）、资源共享（可燃残渣焚烧共享、污水处理设施共享、沼气共享、臭气治理共享、低浓度废水回用共享）、管理共享（管理信息数据共享、办公设施共享、人力资源共享）。在系统为先方面，园区以主体处理工艺为核心，实现从全生命周期、全链条系统推进污染物近零排放、资源高效利用、能源梯级利用、污水回收利用的目标，通过全链条上下游系统融合实现最大效益。在绿色低碳方面，园区拥有固废碳管家数字化平台、低碳共享大数据，生活垃圾焚烧厂、湿垃圾资源化处理厂均已通过了能源管理体系认证，并于2022年开展了碳排放评估。在数智互联方面，已搭建天马园区智慧数字平台，通过模块化、可视化、智慧化强化生产过程智能调度，管理和作业高度耦合，精确感知生产数据，有效提升运营效率。

2）上海化学工业区

上海化学工业区地处杭州湾北岸，横跨金山、奉贤两区，规划面积29.4 km²。2021年，园区完成工业总产值1 401.62亿元，同比增长38.0%，拉动全市规上工业增长3.0个百分点；注册企业实现盈利267.75亿元，同比增长69.4%；上缴税金123.06亿元，同比增长40.2%；单位产值能耗0.679 t标煤/万元，同比下降24.2%。

2023年初出台的《上海市"无废城市"建设工作方案》中，鼓励上下游产业链紧密、规模大的产业园区试点建设"无废园区"，并要求上海化工区率先推动。上海化学工业区以石化产品链为导向，初步实现资源共享和原料产品互通的低碳生产模式，并且持续在区内向上游拓展向下游延伸，巩固循环型产业链体系，同时从科学编制实施方案、加快工业绿色低碳发展、推动形成绿色低碳生活方式、强化监管和利用处置能力四个方面进行"无废园区"建设。但是在固废处理方面，化工区仍面临源头减量压力较大、综合利用水平有待提高、闭环处置体系有待健全、处置结构有待优化、全过程管控能力有待加强、智慧信息化管理能力有待完善等问题与挑战。

2．江苏省

1）南京江北新材料科技园

南京江北新材料科技园位于南京市北部，依托长江深水岸线而建，重点发展石油化工、基本有机化工原料、高分子材料、医药化工、精细化工、新型化工材料。建设发展20年来，园区已建成投产各类企业100余家，其中年产值10亿元以上重点企业20多家，世界500强、全球化工50强企业约占30%。近十年来，园区不断提高环境安全管理水平,持续提升固体废物及危险废物治理能力,现已配套45万t/a危险废物利用处置能力,兜底保障和风险防控能力充足。园区正围绕深入推进源头减量、完善收贮运体系建设、着力拓宽资源利用路径、优化利用处置能力、强化监管能力建设等方面推进"无废园区"建设。

(1) 深入推进源头减量。

统筹产业布局,严把化工项目准入门槛,注重新进企业与现有企业耦合衔接,严禁固废产生量大且未落实利用处置途径的项目进入园区;不断提高清洁审核质量,指导企业强化固废的源头削减措施;推动扬子石化开展"无废企业"建设,聚焦活性污泥、废FCC催化剂、PTA残渣等大宗工业固体废物,从源头上减少固体废物产生量。

(2) 持续完善收贮运体系。

依托南京市一般工业固废信息管理平台,引导园区内及附近一般固废收运单位建立健全规范化分类贮存管理体系,提供"一站式"环境服务及整体解决方案促进废包装物、废设备等可回收固体废物高值化利用;深化危废"分级管理",结合园区特点,针对研发企业,园区联合危废焚烧单位探索创建危废收集处置"班车""网约车""顺风车"转运模式,打通小微企业危废管理服务的"最后一公里"。

(3) 拓宽资源利用途径。

对不同企业产废情况、生产工艺进一步研究梳理,在风险可控的前提下,围绕园区内产废量大、利用技术成熟的危险废物,探索实行"点对点"豁免利用、梯级利用和交换使用;持续鼓励化学工业园热电、钛白等单位将大宗固废,如钛石膏、脱硫石膏,就近建材化利用。

(4) 优化利用处置能力。

支持园区固废资源化研发机构雅邦绿色过程与新材料研究院不断进行技术攻关,充分挖掘园区固废资源化利用潜力,促进先进技术落地应用;探索企业固废处理技术研究开发。

(5) 强化监管能力建设。

充分利用江苏省危险废物全生命周期监控系统,对园区智慧管理平台智慧环保板块持续优化,细化固废产生、转移、处置等信息,进一步增强对企业的监管能力;在园区内评选环保先进企业时,将"无废工厂""无废园区"建设情况纳入考评内容,对工作突出的单位,优先纳入评优范围。

2) 江苏扬子江国际化学工业园

江苏扬子江国际化学工业园位于苏州市,是以精细化工生产为主要特色的化工园区,园内有美孚、PPG、住友等多家世界500强、世界化工50强企业。启动"无废园区"建设以来,江苏扬子江国际化学工业园不断提升区域固体废物综合治理水平,把"无废园区"建设与园区高质量发展相结合,做到"部署快""推进稳""靶向准""监管严"。

(1) 建立健全工作机制。

制定《张家港保税区暨扬子江国际化学工业园"无废园区"建设工作方案》,成立工作专班,推动和形成分工明确、权责清晰、协同增效和信息共享的"无废园区"协调联动机制,召开协商会、调研会、推进会10余次,通过调度通报,监督考核等方式协调推进建设工作。

(2) 系统谋划建设路径。

组织召开现场推进会,并深入园区100余家企业现场指导,调动企业参与建设的积极性。做到"四覆盖",即企业调查全覆盖、固废摸排全覆盖、处置过程分析全覆盖、能力匹配研究全覆盖。实现"四掌握",即掌握重点产废企业清单,掌握工业固废种类数量,掌握工业固废流向,掌握产废处置对接。编制《张家港保税区暨扬子江国际化学工业园"无废园区"建设实施方案》,确立了一级指标5项、二级指标9项、三级指标16项,统筹谋划建设重点任务。

(3) 聚焦短板精准发力。

建成苏州中吴绿能科技有限公司年综合利用废矿物油8万t/a项目、美东环境有限公司120 t/d高温等离子气化炉项目,规划建设密尔克卫环保科技有限公司5万t/a危险废物超临界氧化项目,解决园区高浓度有机废液等危险废物处置利用短板。研究制定《园区一般工业固体废物管理办法》,建立园区一般工业固废管理平台,实现全过程信息化追溯管理。推动建设高标准固体废物集中贮存分拣中心,为园区企业提供筛选、分拣,打包专业服务。推动企业转型升级,完成智改数转项目461个,获评省级绿色工厂4家、省级示范智能车间3个、苏州市级示范智能车间10个,区内重点行业企业清洁生产审核率达到100%。

(4) 数字赋能提升效能。

不断优化"危险废物智能监管平台",82家企业完成危险废物智能终端安装,497个重点场所(点位)安装视频监控。延伸打造"1+N+1"(即1个园区数据中心、N个智慧管理体系、1个应用支撑平台)一体化系统,通过一体化"智慧大脑"助力智能监管。

3) 宿迁生态化工科技产业园

宿迁生态化工科技产业园位于宿迁市北部,新沂河南岸、骆马湖下游、宿新一级公路东侧、嶂山干渠以北,东至宿豫区与沭阳县交界处,西临湖滨新城开发区,规划面积 40 km²,建成区 10 km²,主要发展科技含量高、环境治理好、配套能力强的项目。建成区内道路、供电、给排水、排污、通信、绿化、供热等基础设施齐全,基本达到"七通一平",其他公共设施配套完善。园区供热能力达到 65 t/h,工业用水日供应量 4 万 t,废水处理能力为 2 万 t/d,并配套有专业的固废物处理中心和专门的危化废物掩埋场,能够满足园区企业的基本需要。按照《江苏省"无废园区"(化工园区)建设工作方案(试行)》《宿迁市十四五时期"无废城市"建设实施方案》《宿豫区十四五时期"无废城市"建设实施方案》等方案要求,宿迁生态化工科技产业园坚持固体废物减量化、资源化、无害化原则,统筹推进固体废物管理与园区绿色低碳高质量发展,全力推进"无废园区"创建工作。

(1) 深入调研,编制方案。

结合园区高质量发展目标方向及江苏省"无废园区"建设指标评估细则,设定"无废园区"建设目标和主要任务,提出具体工作思路,制定目标清单、任务清单、项目清单等,全面指导"无废园区"建设,确保 2025 年前完成"无废园区"创建工作。

(2) 突出特色,打造亮点。

园区将从企业、集团、园区整体三个维度,深度挖掘建设亮点。一是以江淮环保化工废盐无害化资源化项目为主体,提高园区内化工废盐无害化资源化利用比例。二是以联盛集团为主体,打造联盛"无废集团"。三是以园区为主体,鼓励产业协同利用,探索可再生危险废物返回原料生产厂家进行再生和资源化利用途径。

(3) 强化协调,完善监管。

结合省厅全生命周期系统数据回流与智慧平台环保模块升级,完善园区固废智慧化管理系统,实现企业固体废物数字化和非现场监管。

3. 浙江省

1) 杭州湾上虞经济技术开发区

杭州湾上虞经济技术开发区是国家级开发区,现以医药化工、高端材料等产业为主,是上虞工业经济的龙头。杭州湾上虞经济技术开发区根据自身产业特点,以整治提升、技术减碳及数字化管理为手段,助力浙江省全域"无废城市"建设,全面提升杭州湾上虞经济技术开发区的产业基础能力和产业链水平,成功探索出一条"无废园区"建设新路子。

(1) 提倡多级循环绿色创新园区理念。

杭州湾上虞经济技术开发区以龙盛集团、闰土股份、国邦药业等企业为龙头,构建以龙头企业为代表的企业内部副产物、有机溶剂循环利用小循环模式;

染料产业链网以大型企业为核心,组成了国内最完整的染料产品链网及循环经济产业链。同时推动大宗工业固体废物资源化利用,引导企业将固废环保处理后用于建筑行业,杭州湾上虞经济技术开发区着力打造以"资源梯级利用"为特征的循环产业链,与清华大学合作开展循环经济规划顶层设计,实施国家级和省级循环化改造项目,打造了"无废园区""多级循环"模式。

(2) 探索"无废"领域减污降碳创新试点。

以"无废供应链"、危废点对点利用、循环化改造等无废园区建设内容为依托,全力申报国家级产业园区减污降碳协同创新试点,在"无废城市"建设中强化减污降碳协同增效要求。大力推广源头减废技术创新,20余家化工企业使用微通道反应器、管式反应器等先进生产设备替换传统反应釜,平均每家企业二氧化碳排放下降 20.8%,固废源头减量 38.4%。稳步开展新污染物治理试点工作,在完成全区 1394 家企业化学物质环境信息统计调查,建立化学品数据库的基础上,以氟化工行业新污染物治理为试点方向,编制《绍兴市上虞区新污染物污染治理试点工作方案》,完成中化蓝天、污水厂、华联印染生产全流程新污染物采样监测工作。

(3) 推进固体废物数字监管能力建设。

杭州湾上虞经济技术开发区具有产废企业多且固废管理风险大、精细化管控复杂等特点,建设基于"信息化+自动化+大数据+标准化"的智慧化工园区平台体系,园区全面整合信息化资源。同时在企业端分两批次组织了 61 家企业开展危险废物信息化系统建设,实现危险废物产生点位、贮存设施、运输环节等全过程数字化监管,提升危险废物风险防控水平,并将企业端接入园区监管平台,以安全环保能源动态监管为基线,实现"一张图"管理,对园区实现全天候、全覆盖和立体化监管与服务,提升园区环境保护和风险管控水平。

2) 宁波石化经济技术开发区

宁波石化经济技术开发区位于浙江省宁波市镇海区东部,成立于 1998 年 8 月,是浙江省内唯一的石油和化学工业专业园区,2010 年 12 月,晋升为国家级经济技术开发区,2014 年,入选国家循环化改造示范试点园区,2017 年以优异的成绩顺利通过国家工信部绿色园区专家评审,成为中国第一批"绿色园区",是目前浙江省第一家也是唯一的一家国家级经开区"绿色园区"。近年来,宁波石化经济技术开发区着力推进"无废园区"建设,加快循环化改造和工业固废处置利用基础设施建设,工业固废源头减量、无害化处理与资源化利用取得显著成效。

(1) 聚焦源头减量,建设绿色制造体系。

以"无废石化基地"创建为抓手,探索建设固废管理示范基地,促进石化行业全面绿色转型。积极开展"绿色低碳工厂""无废工厂"创建,全面推行清洁生产与固废减量化工艺改造,引导企业使用环境友好型原料与再生原料,提高源头替代使用比例。相继实施中金石化重整生成油加氢项目、镇海炼化汽油碱渣削减工程等,削减工业固废约 35 万 t/a。2022 年园区建成市级绿色工厂 6 家、区级绿色工厂 14 家,11 家企业通过清洁生产审核。

(2) 聚焦循环利用,构建循环产业链。

以物料资源循环化改造为抓手,积极探索园区内固废"点对点"定向利用、资源设施共享,加快构建完善物料资源循环使用链,推动企业之间、企业内部资源高效配置,提高资源重复利用率,有效减少固废产生。建成中科电力 1 200 t/d 垃圾焚烧项目、大地环保 50 t/d 危废焚烧二期项目,通过焚烧发电、余热回收技术实现废弃物资源转化与回收利用,焚烧后的灰渣、废渣作为水泥等建材深度利用原料,实现废弃物源头减量和节能降耗双提升。

(3) 聚焦基础建设,促进固废处置利用。

加快园区固废集中处置设施扩容提效,谋划布局新(改)建危废处置利用项目 6 个、一般工业固废处置利用项目 2 个,分别新增危废和一般工业固废处置利用能力 14.6 万 t/a、19.7 万 t/a。完善分类处理固废体系,优化危废处理能力,处置类别包含废酸、表面处理废物、染料涂料废物等 26 个大类 320 个小类。近三年园区危险废物无害化处置率均达 100%,90% 以上危废实现内部无害化处置利用,有效降低了环境安全风险。

3) 嘉兴港区

嘉兴港区地处上海南翼、杭州湾北岸,管理范围为乍浦镇域 55.8 km²,总人口约 12 万,辖区内有国家一类开放口岸嘉兴(乍浦)港、国家级嘉兴综合保税区、国家级化工新材料(嘉兴)园区、省级乍浦经济开发区、临港现代装备·航空航天产业园、千年古镇乍浦镇。近年来,嘉兴港区聚焦"无废园区"建设,在固废收运利用处置、技术创新、智慧监管等方面齐发力,为全域"无废城市"建设献计献策。

(1) 强基础稳地基,危险废物处置能力实现飞跃。

嘉兴港区以固体废物处置管理中存在的突出矛盾问题为研究导向,因地制宜、精准施策,先后完成了嘉兴市危险废物处置中心项目(二期)工程、浙江嘉利宁环境科技有限公司含盐含酸项目、浙江归零环保科技有限公司特种危废项目、惠禾源全省首个危险废物刚性填埋场建设以及全国首套生活垃圾焚烧飞灰水洗高温熔融项目建设。

嘉兴港区危废处置能力从"十三五"初的 1 万 t/a 提升至 37.5 万 t/a,全面实现产处平衡,有效缓解危废处置压力;同时,据不完全统计,危废处置价格平均下降了20%～30%,为嘉兴市"无废城市"建设提供了有力保障。

(2) 补短板强弱项,一般工业固体废物分拣中心落地。

针对困扰多年的特种固废和混合固废无处可去的现状,嘉兴港区积极探索,对症下药,于2021年建成一般工业固体废物分拣中心。通过构建一般工业固废、再生资源和混合垃圾等固废治理综合服务体系,打通全环节监管数据链路,实现固废的分类、收集、运输、分拣、打包、仓储、处置和再利用一站式服务。同时,与嘉兴市一般工业固废信息化监控系统联通,实现数据同步上传,确保全过程合法合规,打通了一般工业固废集中收集、运输、分拣、暂存、利用处置建设"最后一公里"。

嘉兴港区(乍浦镇)固废综合循环利用智慧园区(一期项目)已于2022年1月正式投入运营。智慧园区基于"政府引导、企业付费、第三方服务"思路,通过建立混合垃圾筛分系统、固体替代燃料(SRF)制备系统等,实现模式创新、管理创新、技术创新,拓宽了区域固废治理的解决思路。

(3) 谋创新促提升,全国首套飞灰水洗高温熔融项目投产。

嘉兴港区积极推进惠禾源生活垃圾焚烧飞灰综合利用处置项目。该项目于2022年4月正式投产使用,处置规模可达飞灰水洗10万 t/a、高温熔融20万 t/a,除生活垃圾焚烧飞灰外还可处置危险废物焚烧飞灰、炉渣等多种危废。浙江惠禾源环境科技有限公司拥有完全自主知识产权的"飞灰水洗＋高温熔融"技术专利体系,相关专利申请共计47项,授权核心发明专利2项,实用新型专利40余项,具有技术引领性。

通过精确热解技术＋高温熔融技术,将危废形成水淬玻璃体进行资源化利用,达到危废大幅减量,实现源头减量化。通过1 200 ℃以上高温熔融,使危废中存在的二噁英及其他有机污染物完全分解,其余有害物质稳定固化在水淬玻璃体中,实现危废的无害化处置,助力从根源解决嘉兴市飞灰处置难的问题。

(4) 借力数字化改革,打造全过程信息化监管体系。

嘉兴港区利用"互联网＋"优势,协助嘉兴市生态环境局建立"禾小微"小微产废收运体系平台,实现对100 t以下小微产废企业全过程监管,确保小微企业规范安全处置危废。依托嘉兴市"三大十招"智慧平台,实现对产废企业全链条精密管理,对固废处置异常情况提前预警,园区产废企业联网率达100%。同时,进一步配合省市狠抓"无废城市"数字化改革试点,重点突破危险废物"码＋链"全周期闭环监管应用,有效遏制非法跨界倾倒行为,深入推进危险废物监管和利用处置能力改革,推动小微单位危险废物收运体系提档升级。

5.3 园区信息化监管

园区是固体废物产生与流通最频繁的场所,也是固体废物违法犯罪的重点管理地区。面对日益激烈的国际博弈形势,园区固体废物产生与转运量庞大,品类繁多,单纯依靠人工监管,无法对突发事件作出快速响应,人力成本高昂且效果较差。同时,园区作为固体废物产生源密集区,也是环境违法犯罪频发区,近期固体废物环境违法案件信息隐秘化、线索片段化以及分析手段单一化,给执法人员的断案侦察工作带来了不小的挑战,人类社会高质量发展要求必须走环境犯罪预警之路。因此,园区管理、安全生产与环境执法都亟须信息化技术的介入。

5.3.1 固废信息化管理现状

化工作为我国的支柱产业,在国民经济中占有重要作用。根据中国石油和化学工业联合会化工园区工作委员会统计,截至2023年10月,全国已认定化工园区630家,其中国家级化工园区(包括位于国家级经济技术开发区、高新区、保税区、新区中的园中园)58家。然而化工园区数量的不断攀升,加之化工园区内分布着大量的高能耗企业和危险源、污染源,对环保和安全形成了严峻的挑战,因此,化工园区作为我国园区智慧化转型先锋,早在2015年9月就启动了试点示范工作,并于2016年10月发布了首批试点名单,截至2023年,共有40家化工园区进入中国智慧化工园区试点示范单位,其中江苏16家、浙江6家、上海1家,占比超55%,另有60家园区处于建设期。

工业园区生产要素密集,环境风险问题多,环保监管难度大,传统的人工监管渐渐跟不上环境管理新形势和新要求,近几年,我国各级环保部门纷纷加大信息化建设力度,但由于缺乏统一的环境信息化建设规划和顶层设计,各部门大多是独立开展环保信息化建设工作,园区同一业务需求往往存在多个相互独立的业务应用系统,且数据、应用相互矛盾的现象常有发生。对于一些工业园区而言,虽已初步建立工业园区生态环境信息系统,但仍存在系统覆盖面不够、未将固废纳入信息管理平台的情况。此外,约70%的园区仍依靠省级的危废管理系统开展相关的统计工作,对于固废流向和处理处置环节缺少监管工具和手段,无法实施全流程动态跟踪与管理。

5.3.2 信息化管理实施路径探索

1. 无废园区信息化建设路径

无废园区信息化建设路径如图 5.3-1 所示。

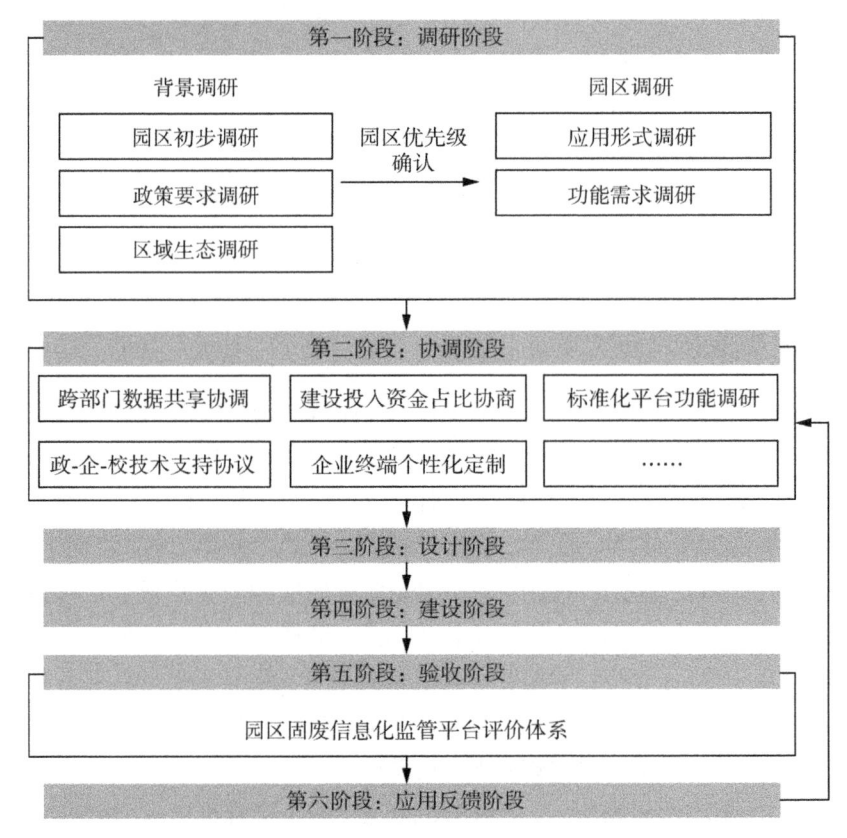

```
第一阶段：调研阶段
  背景调研                        园区调研
  ┌──────────────┐   园区优先级    ┌──────────────┐
  │ 园区初步调研 │   确认          │ 应用形式调研 │
  ├──────────────┤ ──────────→    ├──────────────┤
  │ 政策要求调研 │                 │ 功能需求调研 │
  ├──────────────┤                 └──────────────┘
  │ 区域生态调研 │
  └──────────────┘

第二阶段：协调阶段
  ┌──────────────────┐ ┌──────────────────┐ ┌──────────────────┐
  │ 跨部门数据共享协调 │ │ 建设投入资金占比协商 │ │ 标准化平台功能调研 │
  ├──────────────────┤ ├──────────────────┤ ├──────────────────┤
  │ 政-企-校技术支持协议 │ │ 企业终端个性化定制 │ │ ……              │
  └──────────────────┘ └──────────────────┘ └──────────────────┘

第三阶段：设计阶段
第四阶段：建设阶段
第五阶段：验收阶段
  园区固废信息化监管平台评价体系
第六阶段：应用反馈阶段
```

图 5.3-1 无废园区固废信息化建设路径

2. 关键技术研究

1) 建设对象优先级分析

我国工业园区众多，园区内企业集中，数量众多，涉及固体废物类别广泛，信息化水平参差不齐，对待不同的园区提出相同的建设要求是不科学的，而是应采取区别对待、分级管理的原则，即对生态风险较高、地方管理较严、自身基础较好的工业园区，要实行优先试点建设，而体量较小、自身基础较差的则可以放松管理的尺度和要求。这样不但可以科学地推进建设进程，而且可以极大地尊重所有利益体权益与最大化节约园区与政府的投入或付出。

从生态占位指数（ZEco）、被动建设指数（YEx）及内部意愿指数（XIn）三个维度构建园区废物智慧化建设优先级模型,对园区进行分级管理。

2) 无废园区固体废物信息化评价体系

园区废物信息化平台具有多层架构,对其进行评价也涉及多项指标和属性。由于园区废物智慧化平台受多种因素影响,其指标概念以及园区废物信息化平台评价标准也具有一定的模糊性,因此综合考虑各评价方法的适用性,采用模糊综合评价作为园区废物信息化平台的基础评价方法,将一些边界不清的因素定量化,从多个因素对园区平台隶属等级状况进行综合性评价。模糊综合评价法是一种应用广泛的模糊数学方法,其评价方法分为如下两步:

(1) 先按每个因素单独评判。

(2) 按所有因素综合评判。此处采用层次分析法计算各评价指标的权重,利用层次分析法定性与定量相结合的特点,弱化专家打分的主观影响。

5.3.3 园区信息化管理案例

江苏省已基本形成固体废物信息化管理系统,实现了信息收集、统计、审批等功能,近年来,结合用户体验不断升级优化,平台已实现了固体废物信息在线管理、跨省市转移线上办理、涉废企业无纸化办公等功能,并对接工商信息搭建了"企业脸谱"的一企一档信息公开门户,根据《江苏省"无废园区"(化工园区)建设工作方案(试行)》要求,"无废园区"信息化管理明确列入建设内容,园区可整合已有生态环境信息化管理平台或利用江苏省危险废物全生命周期监控系统园区子模块,将一般工业固废、危险废物纳入园区信息化系统管理,基于这一背景,部门规模较大、前期智慧化建设投入较大的园区,率先利用大数据、人工智能、区块链、数字孪生等技术,形成了不少园区规模的固体废物信息管理示范平台。

2019年,江苏扬子江国际化学工业园投入5 000万元建设智慧园区管理中心,重点建设的园区级平台包含智慧园区、智慧安全、智慧环保、智慧应急等4个平台,14个专项子平台实现了百余项管理功能。同时,园区建成省内首个"危险废物智能监管平台",覆盖全区95家产废单位、10家危险废物经营单位,实现区内危险废物从产生、出入库、转移、利用处置全生命周期管理和监控。2022年园区危险废物产废量7.78万t,通过危废二维码标签、GPS等技术实现全过程可追溯监管。

园区智慧化管理大屏是建设重点之一,区内化工生产企业被按照风险等级,以红、橙、黄、蓝四色划分,每家企业危废产出情况、关键生产数据等都实时显示在地图上。园区建成了环保一体化综合管理系统,涵盖废水、废气、雨水、泄漏检测与修复(LDAR)、走航、大气、地表水、危险废物、一园一档、一企一档等。

此外，整个园区的人员和车辆都被动态监管，人员全部都需备案，所有进入园区的车辆都被安装了北斗定位系统，可随时查询到车辆运行轨迹图，每一辆车都可在大屏上以移动的圆点显示。所有入园车辆还要接受诚信考核。考核满分12分，司机有超速、违章等行为会被扣分，12分扣完会被拉入黑名单，无法再进入园区。江苏扬子江国际化学工业园智慧园区管理中心现场见图5.3-2。

图5.3-2 江苏扬子江国际化学工业园智慧园区管理中心

6 新形势下的创新与探索

6.1 "点对点"定向利用豁免的试点

6.1.1 建设背景

危险废物环境管理是生态文明建设和生态环境保护的重要方面,在党的全面领导下,十九大以来,危险废物环境管理工作取得了显著成绩,有力地推动了污染防治攻坚战的全面胜利。

随着危险废物管理工作的深入,相应的管理规定与标准趋于完善,《国家危险废物名录(2021版)》在精细分类、科学管理以及风险管控的基础上,提出适应我国发展实际的《危险废物豁免管理清单》,豁免类别扩增至32类,更是创新性地提出"点对点"定向利用的豁免,指出在环境风险可控的前提下,根据省级生态环境部门确定的方案,实行危险废物"点对点"定向利用,即:一家单位产生的一种危险废物,可作为另外一家单位环境治理或工业原料生产的替代原料进行使用。

危险废物"点对点"定向利用拓宽了危险废物综合利用途径,提高危险废物资源化利用水平。

6.1.2 进展情况

上海市、浙江省、安徽省已明确点对点定向利用工作流程并推动部分案例。江苏省于2017年9月印发《江苏省危险废物点对点综合利用许可改革试点工作方案》,目前方案已过期,新方案正在修订中。

上海作为"点对点"的试点城市,率先探索了"点对点"定向资源化的流程,并于2021年3月17日发布了《上海市生态环境局关于加强危险废物新旧名录衔接、落实分级分类管理要求的通知》(沪环土〔2021〕63号),该通知附了《危险废物豁免利用备案程序及要求》。上海首创的废硫酸"点对点"资源化定向再利用模式运用逐步成熟,目前已经全部覆盖了上海具备回收废酸条件的集成电路芯片制造企业,总体上稳定地解决了上海集成电路芯片制造企业废硫酸处置问题。

安徽省生态环境厅在2022年07月01日印发《安徽省危险废物"点对点"定向利用许可证豁免管理实施方案(试行)》的通知。在合肥市危险废物"点对点"定向利用许可豁免管理试点中,某公司在生产中产生大量的废硫酸,具有较高的资源化利用价值。该公司和省内的利用企业根据所处行业特点,制定利用方案,相互协作,形成完整的资源化利用链条,已累计资源化利用废硫酸3.5万t,不仅解决废硫酸处置出路难、资源化利用率低的问题,也为企业节约大量运营成本,具有良好的环境效益、经济效益和社会效益。据统计,定向利用以来已为产废企业产生约1 600万元的经济效益。

浙江省生态环境厅在2023年1月19日印发《浙江省危险废物"点对点"定向利用许可证豁免管理工作方案(暂行)》的通知。其下属市区绍兴市生态环境局于2023年3月28日发布《绍兴市危险废物"点对点"定向利用许可证豁免管理工作实施方案(暂行)》的通知,嘉兴市生态环境局于2023年12月20日印发《嘉兴市危险废物"点对点"定向利用许可证豁免管理实施方案(暂行)》的通知。《台州市生态环境局关于印发〈台州市小微企业危废集中收集点及危废豁免利用处置单位行政管理指南〉的通知》(台环函〔2022〕168号),对"点对点"豁免利用进行进一步明确规范,鼓励废盐等特定危废"点对点"利用。台州市生态环境局为浙江台州染整总厂颁发"点对点"虚拟许可,并通过了其与浙江天宇药业股份有限公司、浙江海洲制药股份有限公司、浙江华海药业股份有限公司临海川南分公司三家公司的废盐"点对点"豁免利用申请。

6.1.3 思考与建议

1. 存在的问题

(1) 部分省份"点对点"定向利用的实施细则尚未出台,实施与监管工作存在空白区域。《国家危险废物名录(2021版)》提出在环境风险可控的前提下,根据省级生态环境部门确定的方案,实行危险废物"点对点"定向利用,因此省环境厅成为危险废物"点对点"定向利用实施的主导部门。目前只有部分省份出台了相关细则,如安徽省出台《安徽省危险废物"点对点"定向利用许可证豁免管理实施方案(试行)》、浙江省出台《浙江省危险废物"点对点"定向利用许可证豁免管理工作方案(暂行)》,很多省份尚未颁布实施细则,企业对"点对点"定向利用的规定不了解,不清楚"点对点"定向利用的申请资格及开展要求。作为监管执法部门的地方生态环境局,因没有具体的实施细则,在日常管理工作中难以掌握合适执法尺度,无法快速有效地解决新形势下出现的新问题。尤其是涉及跨省"点对点"定向利用,各省之间的管理衔接尚未明确,仍是有待补充的空白区域。

(2)利用过程不按危险废物管理,可能存在定向利用企业环境保护主体责任意识淡薄的现象。一是存在非法开展定向利用的可能性。危险废物处置价格较高,驱使市场中部分企业为了谋求利润,铤而走险,全国各区域皆发生了危险废物无证经营的违法事件。二是存在部分定向利用企业管理不规范的风险。因危险废物"点对点"定向利用的过程受到豁免,定向利用企业之前未纳入危险废物经营企业管理,部分企业主的环境风险管理意识上存在自身不是危险废物处置企业的侥幸,不能正确认识到危险废物豁免的只是利用过程,管理工作仍需按照危险废物的相关要求开展,可能存在危险废物贮存、标识标牌以及台账等方面不能按照标准要求落实到位的风险。三是部分定向利用设施污染防治不完善。危险废物中包含部分可再利用物质,可作为特定行业生产的替代原料,但是危险废物本身仍存在一定的污染,部分企业的污染防治设施在设计时未考虑采用危险废物作为生产的替代料,因而不具备消除定向利用所带来的次生污染物的作用,存在一定的环境污染风险。

(3)"点对点"定向利用企业多元化,基层生态环境执法人员业务水平有待加强。危险废物作为替代原料,实施"点对点"定向利用,下游承接企业不再受申领危险废物经营许可证的限制,其利用工艺将呈现多元化,或涉及化工、冶金、水泥建材等诸多行业,因此基层生态环境执法人员专业知识相对匮乏,不能及时掌握生产原料的组成、生产运行原理、污染物排放控制等诸多方面,容易出现监管过程中问题识别不全、部门衔接不畅等问题。

(4)"点对点"定向利用存在增加运输风险的可能性。首先"点对点"定向利用的实施,会使之前危险废物产生企业与危险废物经营单位的单向模式转换为危险废物产生企业与危险废物经营单位、"点对点"定向利用企业的多向模式,从而拉长了危险废物的运输过程。其次各省因区域发展以及产业布局的不同,"点对点"定向利用的费用也将有所差异,借鉴全国各地危险废物处置费用的高低,"点对点"定向利用的费用可能会呈现西部低于中东部的趋势,出现区域性的利润差,造成危险废物长距离、跨省运输的现象增多。

2. 实施建议

(1)加快推进"点对点"定向利用实施细则的出台。

充分考虑区域的危险废物产生类别、数量以及可接受"点对点"定向利用行业的布局及发展规模,省生态环境主管部门应加快制定与颁布相应细则与指导文件,使得危险废物"点对点"定向利用的经营活动开展有规可循,基层生态环境执法部门的监管工作有据可依。

(2) 加强对"点对点"定向利用的管理。

各地生态环境主管部门应负责审核"点对点"定向利用企业的申请材料。申请材料中危险废物"点对点"定向利用论证内容应包括对"点对点"定向利用企业实施危险废物利用工作的风险评估,风险评估应包含人体健康以及环境污染防治,评估范围为危险废物由产生企业至定向利用企业的转移过程、定向利用企业内部贮存与运输过程、利用过程以及利用产物下游的使用过程等方面。对申请材料合格的企业,应组织"点对点"定向利用可行性的现场评估。对最终满足要求的利用企业接入危险废物处置管理平台,"点对点"定向利用企业在危险废物联单、台账、识别标志、贮存和应急预案等方面按照危险废物经营企业的规定执行。

(3) 建立"点对点"定向利用专家库,为基层生态环境执法人员提供"智囊团"。

各省、市生态环境主管部门组建"点对点"定向利用咨询专家库,专家库的成员为"点对点"定向利用所涉行业内的权威人士,应具备熟悉一个或多个行业的运行工艺、污染防治、产物特性及产物下游使用等方面的技术能力。

专家可通过协助资料审查、现场检查、技术论证等方式为"点对点"定向利用工作的监管与执法工作提供技术支撑,提升基层生态环境执法人员多行业、多学科交叉执法的专业水平。

(4) 制定"点对点"定向利用企业"白名单",鼓励就近开展"点对点"定向利用。

各省生态环境主管部门可制定"点对点"定向利用的规范化管理指标体系,设置评分细则,将年度评分优秀的"点对点"定向利用企业纳入"白名单",对评分不合格的企业取消其"点对点"定向利用的资格,存在违法行为的,则依法追究其法律责任。

设置"白名单"企业,统筹考虑区域危险废物产生情况,原则上鼓励区域就近开展"点对点"定向利用,鼓励化工园区、集团公司以及工业集中区优先开展内部危险废物"点对点"定向利用。

6.2 小微企业危废收集试点

6.2.1 建设背景

1. 小微企业管理能力不足

对于小微企业而言,在产生方面,企业在进行新技术、新产品的研发时,产生了不少研发类废物以及仪器仪表检测废液等危险废弃物,此类废物通常量小、种类多造成转移处置成本高;在贮存方面,专业贮存场所建设成本高,对于分类贮存等精细化管理要求高;在规范化管理方面,小微产废企业环保管理人员配备不足,内部环保管理制度不完善,特别在危废仓库如何管理、危废台账如何申报等方面如缺少专业人员指导,将导致它们不能及时、高效地处理危废,存在一定的安全和环境污染隐患,给监管也带来了较大压力。

2. 小微企业类型及数量多

现阶段工业园区及高新区内有很多不同类型的企业,所以危险废物分布散、数量多,而且种类不同,危险特性存在较大的区别。收集危险废物时,需要针对不同类型的危险废物采取特殊的处理方式,这导致危险废物的运输、收集、处理都存在较大的困难。

以江苏省为例,根据江苏省危险废物动态管理系统数据统计,2020 年,江苏省共有 31 678 家企业的危废产生量低于 10 t,占全省产废企业的 73.30%,共产生危险废物 5.6 万 t。

从产生行业分布上来看,江苏省小微企业产生危废行业前十的行业包括:车修理与维护、其他未列明制造业、汽车零部件及配件制造、包装装潢及其他印刷、塑料零件及其他塑料制品制造、金属结构制造、木质家具制造、机械零部件加工、金属表面处理及热处理加工和其他未列明通用设备制造业,共计 13 175 家企业,共产生危废 2.4 万 t,约占小微企业危废产生量的 42.9%。

从实验室危险废物产生情况来看,2020 年江苏省涉及转移实验室危险废物的企业共计 2 601 家,转移危废 5 733.88 t;其中 112 家企业转移量超过 10 t,共计 3 480.60 t,占总转移量的 60.70%,其中 20 家是由高校实验室产生;转移量在 100 t 以上的单位共 7 家。

3. 监管难度大

由于管理部门经费不足,所以负责监管的人员往往在专业性、权威性方面有所不足,所以执法和管理工作的整体水平并不高,很难及时发现危险废物的储存、管理问题。部分小微企业也会躲避执法部门的监管,进一步增加了监管工作的难度。

6.2.2 进展情况

1. 国家层面危险废物收集推广

2022年2月,生态环境部办公厅印发《关于开展小微企业危险废物收集试点的通知》(环办固体函〔2022〕66号)提出开展小微企业危险废物收集试点,把开展试点作为支持小微企业发展的一项具体环保举措,充分发挥政府部门的引导和政策支持作用,有效打通小微企业危险废物收集"最后一公里",切实解决小微企业急难愁盼的危险废物收集处理问题。通过开展试点,推动建立规范有序的小微企业危险废物收集体系,探索形成一套可推广的小微企业危险废物收集模式,研究完善危险废物收集单位管理制度,有效防范小微企业危险废物环境风险。2023年11月,生态环境部办公厅印发《关于继续开展小微企业危险废物收集试点工作的通知》(环办固体函〔2023〕366号)提出将试点时间延长至2025年12月31日,收集单位应重点为收集范围内危险废物年产生总量10 t以下的小微企业提供服务,同时兼顾机关事业单位、科研机构和学校等单位和社会源,以及年委托外单位利用处置总量10 t以下的其他单位,做到应收尽收。

2. 长三角地区创新探索

1)上海市

为规范小微企业的危险废物管理,落实产业园区的主体责任,《上海市环境保护条例》第六十条规定"产业园区管理机构收集贮存危险废物的,应当按照有关规定向市环保部门办理相关手续。"为此,上海市生态环境局(原市环保局)制定了《上海市产业园区危险废物收集贮存转运设施管理办法(试行)》(沪环保防〔2016〕355号),推进在产业园区内建设运营管理危险废物收集贮存场所。两年试行以来,市生态环境局已备案了七个产业园区开展小微企业危险废物集中收集贮存平台的运营工作,取得了良好的效果。

鉴于该试行规定已于2018年11月1日到期,经研究,上海市生态环境局对该试行规定进行了修订。2019年3月上海市生态环境局印发《上海市产业园区小微企业危险废物集中收集平台管理办法》(沪环规〔2019〕4号)。文件一共十七条,主要包括目的和依据、基本要求、管理职责、收集范围、规模及类别、环境应急预案、备案材料、备案程序、变更备案、年度评估制度、运营管理要求、危险废物管理台账、规范服务及收费、危险废物运输和转移联单制度、危险废物源头管理、信息报送制度、罚则、施行日期。其中,在基本要求中明确产业园区管理机构(以下简称"产业园区")是建设、申报和管理产业园区小微企业危险废物集中收集平台(以下简称"危废收集平台")的责任主体;在收集范围上明确危废收集平台可以收集产业园区范围内小微企业所产生的危险废物和废铅酸蓄电池等社会源危险废物,其中产废企业的危险废物年产生总量原则上不超过 10 t。

2) 江苏省

2017 年,为解决小微企业危险废物收集处置难问题,探索建立实验室废物收集体系,江苏省生态环境厅出台了《关于印发江苏省工业园区危险废物集中收集贮存试点工作方案的通知》(苏环办〔2017〕142 号)。2019 年 12 月,江苏省生态环境厅根据《省政府办公厅关于加强危险废物污染防治工作的意见》(苏政办发〔2018〕91 号)要求进行修订,出台《省生态环境厅关于印发江苏省危险废物集中收集贮存试点工作方案的通知》(苏环办〔2019〕390 号),试点范围由工业园区扩大至设区市,并将科研院所、高等学校、各类检测机构等产生的实验室废物(医疗废物除外)和机动车维修机构、加油站等产生的危险废物纳入试点范围。

为进一步推动全省危险废物集中收集体系建设,在总结各地试点工作的基础上,2021 年 10 月,《省生态环境厅关于印发〈江苏省危险废物集中收集体系建设工作方案(试行)〉的通知》(苏环办〔2021〕290 号)应运而生。方案提出了工作目标,2021 年底前各设区市完成危险废物集中收集单位规划布局,2022 年底前各设区市初步建成危险废物集中收集体系,实现危险废物申报、收集、转运、利用、处置一体化服务,服务区域和收集种类全覆盖,建成全程可追溯的监控体系,有效防范环境风险。

3) 浙江省

2017 年,浙江省有工业危险废物产生及利用处置的企业约 46 000 家,危险废物产生量超过 390 万 t。其中,小于每年 20 t 的企业数量占到有产生及利用处置企业总数的 90% 以上,而产生量仅占 2%。

解决小微企业危险废物收集问题对于浙江省来说也是迫在眉睫,2018 年 8 月,浙江省人民政府办公厅印发《浙江省清废行动实施方案》,提出"对于危险废物产生量较小的企业,可通过经营单位在各县(市、区)设点收集、园区统一建设贮存设施、县(市、区)政府统筹规划统一服务等方式,着力解决小微企业危险废物收集转运不及时、处置出路不通畅等问题,逐步实现固体废物应收尽收"。2019 年 1 月,《浙江省生态环境厅关于进一步加强工业固体废物环境管理的通知》(浙环发〔2019〕2 号)提出"开展经营单位在各地设立预处理点工作试点,鼓励经营单位通过自行或与第三方授权合作建设具备实验分析及预处理能力的预处理点,建立收运处一体化的工作模式"。2020 年 2 月,浙江省生态环境厅印发

《浙江省清废攻坚战2020年工作计划》(浙环发〔2020〕2号),对小微企业危险废物集中收运单位主体、收集范围和对象等8个方面提出了具体要求。

截至2021年7月底,浙江省已建成小微企业危险废物收运平台94个,全省90个县(市、区)级行政区域全覆盖,基本覆盖了全省小微产废企业。为更好服务小微企业,浙江省各地市也展开了探索创新。例如,湖州市要求可燃易燃危险废物收集后不入库,直接转运至下游的利用处置单位;嘉兴市将小微危险废物集中收运单位与农药包装物归集中心等农业或生活源危险废物收集中心整合,有效解决了项目选址难的问题;宁波市北仑区提出了"保底收费"模式,以0.5 t产生量为基数,收取每家小微企业每年1 400元的保底价格,超过部分另行收费。北仑区的模式,突破了现有危废处置市场按1 t起步的做法,且免去运输等其他费用,单家小微企业支出费用相对较低,有利于小微企业主动参与,而集中收运单位签约的企业数量达到一定规模后,能产生较为稳定的经济效益,促使收运体系正常运行。

4) 安徽省

《关于印发〈安徽省危险废物专项整治三年行动实施方案〉的通知》(皖环发〔2020〕17号)提出"筹划开展危险废物收集、贮存、转运试点,解决中小微企业收集难、处置难、处置贵的问题,提升辖区危险废物服务管理水平和营商环境"。2023年1月,安徽省人民政府办公厅印发《安徽省人民政府办公厅关于印发强化危险废物监管和利用处置能力改革工作方案的通知》(皖政办秘〔2023〕4号)提出"推动危险废物专业化收集、贮存、转运"。2024年1月,《安徽省生态环境厅关于印发〈安徽省规范危险废物环境管理促进危险废物利用处置行业健康发展若干措施〉的通知》(皖环发〔2024〕2号)提出"拓展小微企业危险废物集中收集贮存试点范围,各市可根据实际情况适度增加小微企业危险废物集中收集贮存试点单位数量,收集范围可扩大到机关事业单位、科研机构和学校等单位及社会源。"

6.2.3 思考和建议

1. 存在的主要问题

小微企业危险废物集中收运体系打通了收集"最后一公里"的难题,取得了较好的社会和环境效益,但在实践过程中,存在以下四点主要问题。

(1) 从业单位良莠不齐。综合性危险废物利用处置单位负责经营的集中收运单位,运营管理经验较足;而其他集中收运单位,人员配置不足、专业技术力量不强、相关管理经验不足,存在的环境风险隐患相对较大。

(2) 缺乏统一的建设运行标准。各地参照危险废物经营许可的相关要求,该要求覆盖危险废物利用处置全过程,从仅涉及收集的角度看,部分内容不适用且要求较高。由此各地在执行中尺度不一,出现贮存场所建设不规范、分区分类不合理、废气未分类收集处置等问题。收集的危险废物检测分析,以委托第三方机构为主,自身未能配备实验室和必要的监测设备,难以做到按批次及时有效开展危险废物的检测。

(3) 长期盈利模式不清晰。小微企业危险废物集中收集转运项目作为一项新生事物,各方关注度高,往往按传统危险废物利用处置行业对待,期望尽早入场,占据市场先机。但取得资质后却发现投入高,盈利空间小,附加效益不足。长此以往,会出现小微企业需求回应慢、收集服务跟不上、转运不及时的情况,如为盈利而推动延伸服务项目,则会加重小微企业负担。而长期不盈利则导致集中收运单位运行不规范,甚至出现非法处置等情况。

(4) 收运体系政策有待完善。首先,小微企业危险废物集中收运主体的法律地位有待进一步明确。为了不与《危险废物经营许可证管理办法》相冲突,浙江省要求以持危险废物经营许可证单位为主体,其他单位必须取得其授权;部分地方以生态环境局发文,开展试点,存在与《危险废物经营许可证管理办法》不一致的内容,故有法律上的风险。针对此类问题,上海市依据《上海市环境保护条例》,实施产业园区管理机构收集贮存危险废物活动,具有一定参考价值。其次,在城市建成区的转运活动,运输车辆、路线等豁免细化政策尚未落地。再次,集中收运单位不能对收集的危险废物利用处置,也不能预处理,但在收集实践中,存在如过滤合并、打包压块等必不可少的措施,其实施尚需法律政策或技术规范的支持。

2. 相关建议

目前,国务院已发文支持危险废物专业收集转运和利用处置单位开展小微企业等产生的危险废物有偿收集转运服务,生态环境部已部署开展了试点工作。结合试点内容和要求,现对试点工作提出六点建议。

(1) 完善小微企业危险废物集中收运体系的法规制度。建议加快修订《危险废物经营许可证管理办法》,扩大危险废物收集种类,赋予省级生态环境主管部门依据地方实际收集需求规定危险废物种类的事权。制定小微企业危险废物集中收运体系管理规范,统一建设和运营标准;制定或完善适用小微企业危险废物集中收运项目的环境污染防治技术规范,细化贮存污染控制、预处理措施、污染排放、自行监测和环境监管等要求。

(2) 强化从业人员资格要求及培训。小微企业危险废物集中收运单位应具有环境科学与工程、化学等相关专业背景中级及以上专业技术职称的全职技术人员;应建立从业人员的培训制度,制订培训计划,专业技术人员应熟悉环境保护法律法规及危险废物管理政策、技术规范,掌握危险废物管理的基本操作要求,具备必要的突发环境事件应急处置能力。

(3) 探索可持续的盈利模式。小微企业危险废物集中收运体系应以解决小微企业危险废物为目的,保本微利为目标,不宜有市场竞争,每个区域一般设1家集中收运单位。在日常运营中,除内部挖潜、优化成本外,还需要探索专业化、合理化的附加服务,为小微企业提供固废规范化管理指导。应协调相关部门支持,获取一般工业固废收集资质,帮助小微企业一次性解决一般固废和危险废物,增加盈利空间。应争取环保税收政策的支持;同时,建议开发适用小微企业危险废物集中收运体系的环境污染责任保险产品,以落实《中华人民共和国固体废物污染环境防治法》(2020 修订)的要求,用市场手段完善环境风险防控。

(4) 实施量化评级分档管理和退出机制。建立危险废物经营单位量化评级分档管理制度,对集中收运单位的基本情况和经营行为进行评价,赋予绿码、黄码、红码分档标志,落实差别化监管措施并动态调整;对长期红码或存在重大环境违法问题、发生重大环境污染事件的集中收运单位,启动强制退出机制;对正常退出的单位,须妥善处理所收集的危险废物、完成土壤环境调查评估等。

(5) 推进安全便捷的转运政策落地实施。地方生态环境和交通运输行政管理部门应加快出台小微企业危险废物便捷化转移运输的实施细则,以建立危险废物运输车辆备案制度,完善"点对点"的常备通行路线,也可建立分类、分级、分区域的有条件豁免制度,实现危险废物运输车辆规范有序、安全便捷通行。

(6) 建立公益服务导向的集中收运体系。小微企业对促进区域经济发展、解决地区就业具有重要贡献,建立小微企业危险废物集中收运体系是服务小微企业、促进其健康稳定发展的一项重要举措,责任和义务大于产出和效益。从长期看,可参考生活垃圾收运体系,在直接经济效益不明显的情况下,将其作为公益性基础事业,坚持保本微利,甚至通过政府补贴,使小微企业危险废物收运体系良性循环、稳定运行,发挥其社会效益、环境效益。

6.3 废盐排海探索

6.3.1 建设背景

工业废盐主要产生于农药中间体、药物合成和印染等工业生产过程以及固液分离、溶液浓缩结晶及污水处理等过程,具有种类繁多、成分复杂、来源众多、处理成本高、环境危害大等特点。废盐中约 20% 为单质废盐、约 80% 为混盐和杂盐(含杂质);以盐的类别而言,以 NaCl 为主的占 80%,其余以 Na_2SO_4 等盐类为主;以废盐的形态划分,既有结晶态固体废盐,也有半固体的焦油状黏稠废盐和含盐废液。

在国外,排海是废盐和含盐废水的主要处置方式,其主要排放方式为含盐废水在近海直接排海或将收集起来的废盐运至公海进行深海排放。而对于倾倒入海的废盐,往往需要进行无害化处理,例如,日本将农药生产过程中产生的盐渣高温去除其中有毒有害物质后,向海洋倾倒,使盐资源回归自然。这种处理废盐的方法具有局限性,其要求产盐企业位于近海地区,且主要用于处理含有氯化钾、氯化钠、氯化钙等成分的废盐,对于含有 Hg、Cd 等有毒物质的废盐无法采用此方式处理。离子交换树脂再生以及海水淡化等过程中产生的大量废卤水,目前将其通过地表水排放是国外卤水的主要处置方法,在美国,这种处置方式的占比高达 45%,而在英国甚至高达 60%。将卤水直接排放到海洋、河流、海湾、湖泊等开放水体中,处理量大,处理成本低,在美国通过此方法处理 1 m^3 盐水仅需 0.05~0.30 美元;但废卤水中的高盐含量以及可能存在的有机物,会对海洋有限的自净能力产生冲击,引起海洋热污染以及增加水体中溶解氧的减少、富营养化和毒性的风险。因此需要制定相关标准,以防对生态环境造成破坏。

江苏省内废盐的利用处置方式主要包括厂内再生利用、厂外综合利用和安全填埋三种。目前,安全填埋仍是有机危废盐渣处置的主要途径。2020 年 6 月 1 日实施的《危险废物填埋污染控制标准》(GB 18598—2019)规定,可溶性盐含量高于 10% 的固废禁止采用柔性填埋处置,必须刚性填埋。因此大量废盐需进行刚性填埋处置,刚性填埋场占地面积大、建设成本高,导致刚性填埋费用不断上涨。

截至 2021 年 11 月,江苏省废盐综合利用处理能力 8 万 t/a,因再生盐标准缺失、再生成本高等原因,再生盐的市场竞争力不强,导致企业实际运行负荷低,大部分废盐仍需进行填埋处置。另一方面,江苏省废盐往往集中产生在东部发达地区,此区域安全填埋场的选址往往受到地质、气候、土地资源等条件的限制,许多企业不得不进行跨区域长途转移处置,不仅经济成本高,且管理风险较高。

由于工业废盐产生量巨大而且利用处置难,大量废盐需要贮存,除满足防风、防雨、防晒要求外,由于废盐易溶、腐蚀性强的特点,贮存场所还需采取防腐、防渗措施,贮存要求高。另一方面,部分废盐具有强氧化性、易燃性、助燃性等危险特性,贮存风险高。有限的贮存能力、废盐仓库库存饱和现象频繁发生;废盐长途跨省转移,极易发生环境污染事件,给经济社会发展带来严重环境风险和安全隐患。废盐难以妥善处理,严重影响了企业的生存发展,同时也给园区危险废物监管带来压力,使部分企业面临就地改造、异地搬迁或关门三者之间的艰难选择。如何科学合理、经济有效、绿色环保地处置这部分废盐成为企业及政府监管面临的难题。

国家近年来出台了很多相关政策来遏制危险废物对环境的破坏。其中,《中华人民共和国固体废物污染环境防治法》已由中华人民共和国第十三届全国人民代表大会常务委员会第十七次会议于 2020 年 4 月 29 日修订通过,自 2020 年 9 月 1 日起施行。这次修订强调,固体废物产生者是固体废物治理的首要责任人,新增了对未及时公开固废产生、利用、处置信息等违法行为的处罚措施,同时提高了不设置危险废物识别标志等违法行为的处罚力度。生态环境部《关于提升危险废物环境监管能力、利用处置能力和环境风险防范能力的指导意见》(环固体〔2019〕92 号)指出,"加强废酸、废盐、生活垃圾焚烧飞灰等危险废物利用处置能力建设。鼓励石油开采、石化、化工、有色等产业基地、大型企业集团根据需要自行配套建设高标准的危险废物利用处置设施。鼓励化工等工业园区配套建设危险废物集中贮存、预处理和处置设施。"随着监管的严格,危废废盐的处置需求将呈现爆发式的增长。

2020 年 9 月 1 日起施行的《中华人民共和国固体废物污染环境防治法》(2020 修订)加大了对企业固废管理违法行为的处罚力度,提高了罚款额度,最高可罚至 500 万元,并且增加了按日连续处罚、行政拘留、查封扣押等处罚种类,增强企业守法意识,自觉履行环境保护义务。可能的违法行为,增加了罚款或停业成本、拘留成本等,且一旦有污染事件,由于工业废盐的特性,治理成本极高。

工业废盐排海探索工作将极大降低废盐的处置成本,降低企业运行成本,避免污染事件,进而降低生态环境成本。国家发展改革委发布的《关于创新和完善促进绿色发展价格机制的意见》提出将生态环境成本纳入经济运行成本,废盐若得以无害化后排海,将为企业提供更优的废盐处置出路,减轻企业处置成本,提供更优的营商环境。可完善城市基础设施,改善投资环境,为城市的可持续发展创造外部条件,为城市的安全和社会稳定消除隐患。

6.3.2 探索现状

1. 江苏省海洋排放口现状

据统计,目前江苏省建成 420 座污水厂,其中南京市 32 座、无锡市 71 座、徐州市 26 座、常州市 33 座、苏州市 112 座、南通市 27 座、连云港市 19 座、淮安市 14 座、盐城市 22 座、扬州市 13 座、镇江市 21 座、泰州市 14 座、宿迁市 16 座。江苏省具备排海口条件的海洋排放口有 24 处,集中在南通市、盐城市、连云港市。江苏省污水处理厂排海口情况见表 6.3-1。

表 6.3-1　江苏省污水处理厂排海口情况

序号	污水厂名称	具体位置	排口坐标	设计排放量 (t/d)	排放方式	入海方式	污水厂性质	排入的海洋功能区
1	射阳新晨污水处理有限公司	射阳县临海镇以东、畜奎河口	120°25′32″E, 34°05′21″N	20 000	离岸排放	管线＋扩散器	盐城纺织染整产业园污水	射阳衣渔业区和盐城北部海域衣渔业区
2	江苏滨海经济开发区沿海工业园	滨海港工业园区		20 000	离岸排放	海底电缆管道	滨海化工园内污水	
3	联合环境水处理(大丰)有限公司	盐城大丰区海洋经济综合开发区		40 000			盐城大丰区海洋经济综合开发区内化工生产企业的工业及生活污水	
4	江苏金羚纤维素纤维有限公司	盐城市大丰区王港闸南首	王港新闸上游 1.2 km 处,坐标为 120°49′01″E, 33°11′10″N	11 000	岸边排放	由王港河入海	江苏金羚纤维素纤维有限公司工业及生活废水	
5	江苏海环水务有限公司大丰石化园区污水处理厂	大丰港特钢新材料产业园内,环港南路北侧、海港复河西侧		35 000			石化园区废水	
6	江苏海华环保工程有限公司	大丰港造纸产业园内		124 000			造纸产业园污水及海华环保工程公司废水	
7	洋口港污水处理厂	江苏如东洋口港经济开发区	121°23′15″E, 32°32′55″N	50 000	离岸排放	管线＋扩散器	洋口港经济开发区临港工业区(洋口化学工业园东区)内废水	西太阳沙工业与城镇用海区,洋口港西太阳沙特殊利用区,刘埠港旅游休闲娱乐区,如东衣渔业区,通州湾工业与城镇用海区

续表

序号	污水厂名称	具体位置	排口坐标	设计排放量 (t/d)	排放方式	入海方式	污水厂性质	排入的海洋功能区
8	如东深水环境科技有限公司	江苏如东洋口化工园		20 000	岸边排放		洋口港经济开发区精细化工园内的企业废水	
9	通州湾高新电子信息产业园污水处理厂	通州湾高新电子信息产业园北部,盛德路以南,冬青路与滴翠路之间	121°23′34″E, 32°11′20″N	20 000	岸边排放	管网排入凤鸣河,由凤鸣河入海	服务于通州湾高新电子信息产业园、专用于处理园区内企业产生的电子工业废水	
10	吕四港海洋排放口,海复镇污水厂,吕四港镇污水厂,吕四海洋经济开发区石化新材料工业园污水厂	南通港吕四港区吕四作业区液体化工码头一期工程丙侧		23 000	离岸排放	管线+扩散器		江苏大唐国际吕四港发电有限责任公司特殊利用区,长江口渔业区,吕四渔场农渔业区
11	江苏方洋水务有限公司	徐圩新区		118 300	离岸排放	管线+扩散器	石化产业基地废水	
12	赣榆区海头镇海州湾生物科技园区		119°11′4″E, 34°53′31″N	20 000	岸边排放	管线入海	生活污水及工业废水	海头工业与城镇用海区
13	连云港赣榆新城污水处理有限公司	赣榆区东北方向,沙汪河南岸挡潮闸处		20 000	岸边排放	管网排入沙汪河,由沙汪河入海	生活污水及工业废水	
14	赣榆区云通水务有限公司	江苏省连云港市赣榆区柘汪镇临港产业区响石村东 500 m	119.291 1°E, 35.089 2°N	20 000	岸边排放	管线入海	生活污水及工业废水	柘汪临港工业与城镇用海区
15	江苏连云港港口股份有限公司东联港务分公司	连云港市连云区中山东路 99 号马腰港区	119.446 0°E, 34.736 1°N	480	岸边排放	明渠入海	生活污水及工业废水	连云港港区

实践探索篇

续表

序号	污水厂名称	具体位置	排口坐标	设计排放量(t/d)	排放方式	入海方式	污水厂性质	排入的海洋功能区
16	连云港港口控股集团有限公司	江苏省连云港市连云区中华路18号港口大厦	119.413 4°E, 34.774 0°N	840	岸边排放	明渠入海	生活污水及工业废水	连云港港区
17	江苏连云港港口股份有限公司东秦港务分公司	连云港市墟沟大港东路28号	119.392 2°E, 34.743 8°N	360	岸边排放	明渠入海	生活污水及工业废水	连云港港区
18	连云港港口控股集团有限公司	江苏省连云港市连云区中华路18号港口大厦	119°27′53″E, 34°44′20″N	800	岸边排放	明渠入海	生活污水及工业废水	连云港港区
19	江苏核电有限公司核电专家村	连云港海棠北路30号	119°22′20″E, 34°45′4″N	1 200	岸边排放	管线入海	生活污水	连云港港区
20	连云港佰泰污水处理有限公司板桥污水处理厂	板桥工业园区S226省道与纵二路交汇处	119°26′55″E, 34°39′17″N	24 500	岸边排放	管线入海	生活污水及工业废水	连云港港区
21	连云港金兆水务有限公司墟沟污水处理厂	连云港市连云区大港西路26号	119°19′57″E, 34°44′16″N	50 000	岸边排放	管线入海	生活污水及工业废水	连云港港区
22	连云港金陵神州宾馆	海棠北路215号	119.362 2°E, 34.760 2°N	120	岸边排放	管线入海	生活污水	连云港港区
23	益海(连云港)粮油工业有限公司	连云港市连云区街道大港路北港区	119°19′23″E, 34°44′52″N	1 500	岸边排放	明渠入海	生活污水及工业废水	连云港港区
24	中石化南化有限公司连云港碱厂	平碱路99号	119°19′35″E, 34°44′37″N	12 100	岸边排放	明渠入海	生活污水及工业废水	连云港港区

2. 工业废盐处理标准

《化工废盐焚烧处理技术规范》(T/CPCIF 0130—2021)于2021年11月17日实施，规定了采用焚烧法处置化工废盐的总体要求、化工废盐特性要求、设施要求、污染物排放控制要求、监测要求、运行管理要求等方面的环保技术要求，例如，其要求"4.11 化工废盐焚烧后产物应满足：有机物的焚毁去除率≥99.99%，TOC≤30 mg/kg(基于无水固体产品计算)，灼减率<1%"。

江苏省生态环境厅组织起草了江苏省地方环境保护标准《化工废盐处理过程污染控制技术规范》(DB32/T 4478—2023)，于2023年6月实施。要求化工废盐处理后，其产物按照HJ/T 299要求制备的浸出液中汞、镉、铬、六价铬、砷、铅、镍、铍、银含量不得高于GB 8978中表1的最高允许排放浓度，总氮含量不大于15 mg/L(铵盐不考察总氮含量)，总磷含量不大于0.5 mg/L(磷酸盐不考察总磷含量)。总有机碳含量不大于100 mg/kg(折算至干基计)。

3. 废盐排海工艺流程

1) 接收贮存系统

无害化盐接收与贮存总体工艺程序如图6.3-1所示。

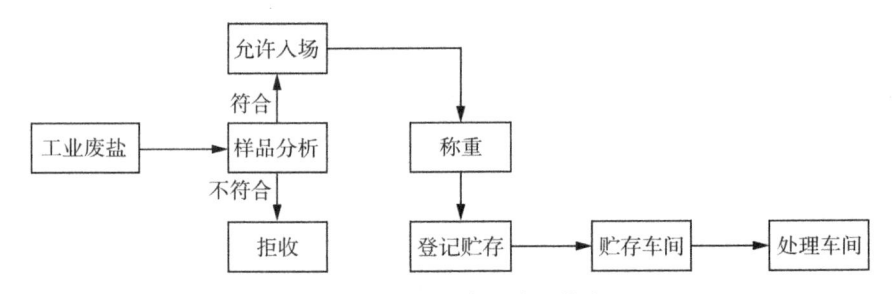

图6.3-1 接收与贮存系统工艺流程图

对无害化盐样品取样化验，通过化验结果判断是否符合入场标准。样品各项检验均满足要求后，采用专用运输车辆将无害化盐运至试点厂区，称量登记，完成接收工作。接收入场的无害化盐运至贮存区内贮存，具体贮存要求如下：

(1) 分区分类贮存：对进场的无害化盐通过电子磅称重，分类计量，并对转运单上的数据进行核对，核对无误后，给出编码，送到固定的贮存区进行贮存。

(2) 在库检查规定：管理人员要严格执行各项检查制度。检查物品包装有无破碎。检查物品堆放有无倒塌、倾斜。检查库房门窗有无异动，是否关插牢固。检查库房温度、湿度是否符合储存要求。可分别采用密封、通风、降潮等不同或综合措施调控库房温度、湿度。特殊天气，检查库房防风、漏雨情况。检查结束，填写记录。发现问题及时处理，特殊情况报告主管部门。

(3) 出库要求。

出库负责人接到由主管领导签发的出库通知单,将出库内容通知到仓库管理人员。

库房管理人员穿戴好必要的防护用品,按操作要求,先在本库表格上登记后,将无害化盐提出库房送到指定地点。

出库负责人复查通知单上已填写的、适当的处理处置方法等内容,否则不予出库。

按入库时的要求检查包装、标志、标签及数量。

以上内容检验合格后,在出库通知单上签名并加盖单位出库专用章。

2) 净化排海系统

装无害化废盐的吨袋通过叉输送至吨袋破袋机起吊机下方,起吊机将吨袋吊起并位移至吨袋破袋机内部,吨袋在吨袋破袋机内实现自动破袋,吨袋破袋机密封设计并设有负压收集装置,现场操作基本无粉尘。经破袋后的无害化废盐落至吨袋破袋机底部接料斗,在真空上料机作用下定量输送至溶解净化罐,溶解净化罐设有液位监测,并与进水泵连锁,实现定量溶解无害化废盐。溶解净化罐除具备无害化废盐溶解功能外,还具备酸碱调节功能,通过加药泵泵送盐酸,调节溶解水的pH满足6～9。溶解净化后的盐水经过滤器去除水不溶物及机械杂质后,泵送至排放缓存罐后达标排放。同时设置独立应急罐,供应急情况下临时暂存盐水。

3) 排放系统

排放罐出口设置在线监测点,对监测点处水质进行监测,保证排放系统达标。达标后尾水泵送汇入排海管道。设置水质在线监测点2处,在污水厂尾水在线监测点后至本项目溶解罐之间管段设置在线监测点位①,在排放罐出口至引水点后排海管道之间管段设置在线监测点位②。工艺路线及在线监测点位示意图见图6.3-2。

6.3.3 思考与建议

1. 排海口科学论证

基于排口合规性、设计规模、排放方式等条件确定排海口,确保排海口位置和排海管道铺设不会对生态红线、渔场、盐田等敏感目标产生不利影响,最终满足入场检测要求的含盐废水流经排海管道,依托或自建深海排放口排放。

2. 事前防控,制定高盐废水海洋排放污染控制标准

对排海口周边海域生态环境进行跟踪监测,摸清高盐废水排海对海洋环境的影响及应对措施。基于高盐废水的污染特性和对海洋环境的影响,确定常规污染物和特征污染物的排放限值,制定高盐废水排海污染控制标准,形成废盐处

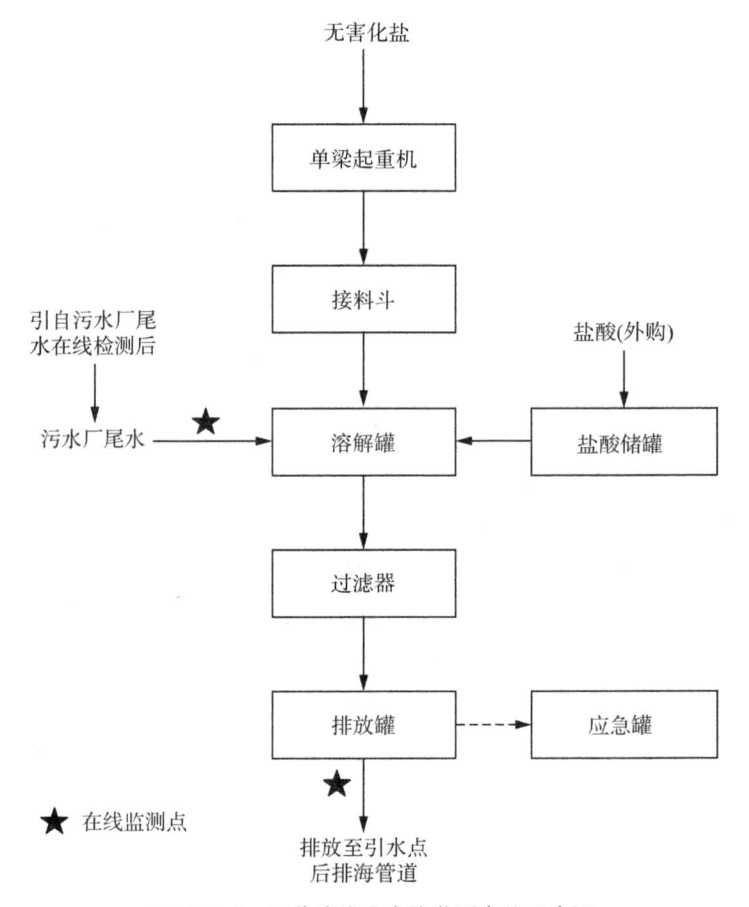

图 6.3-2　工艺路线及在线监测点位示意图

理后常规污染物和特征污染物排放源头的事前风险控制指标体系,并制定详细的入场检测制度和运行操作规程。

3. 事中管控,建立高盐废水海洋排放过程生物毒性的监测方法与评价标准

监测评估技术方法选择排海口周边地区典型的海洋生物种类,构建废盐处理后的高盐废水对藻类生物、低等浮游生物、脊椎生物的三个层级生物急慢性毒性的监测方法与评价标准,强化排放过程的事中毒性监测与风险控制措施。

4. 事后监控,构建高盐废水海洋排放后生态系统环境风险评估方法体系

在排海工程开展后,以海洋典型生物的典型污染物蓄积性和生态系统物种多样性为指标,建立日常性生态系统环境风险评估方法体系,强化高盐废水海洋排放的事后风险评估与控制措施。由此形成工业盐排海评估技术规范和排海全过程监管工作机制,为制定有效的污染物标准限值和排海环境管理措施提供科学依据,实现无害化工业盐排海处置闭环。

5. 鼓励研发,推动新技术新工艺的应用示范

开展不同来源工业废盐和水洗废盐的特征污染物分析确定及其无害化处理关键技术研究,解决工业废盐高温反应器结焦、积料等不稳定运行问题,研发高盐环境下耐腐蚀设备,提升有毒有害污染物去除能力和效率,降低处理成本。

6.4 规划筹建区域性危废中心

6.4.1 建设背景

"十三五"以来,我国危险废物环境管理体系逐步完善,危险废物环境风险防控能力不断提升,危险废物利用处置能力明显增强。"十四五"时期,我国生态文明建设进入以降碳为重点战略方向、推动减污降碳协同增效、促进经济社会发展全面绿色转型、实现生态环境质量改善由量变到质变的关键时期,人民群众对优美生态环境的需求与日俱增、对环境污染事件愈加关注、对危险废物环境风险防范和生态环境安全保障的诉求更加迫切。面对"十四五"时期深入打好污染防治攻坚战、以高水平保护推动高质量发展的总体要求,我国危险废物现代化治理水平亟待提高,危险废物污染防治面临着环境风险隐患突出、利用处置能力不均衡等问题,危险废物风险防控和集中处置能力难以有力支撑全国、重点区域和重点行业的危险废物污染防治要求,亟须加强全局性谋划、战略性布局、针对性推进,推动解决危险废物监管和利用处置能力不平衡不充分的问题,提高危险废物环境管理公共服务水平。

为进一步提升危险废物环境风险防范能力和利用处置能力,2021年《中共中央 国务院关于深入打好污染防治攻坚战的意见》和国务院办公厅印发《强化危险废物监管和利用处置能力改革实施方案》均对提升危险废物处理处置基础保障能力和环境风险防控能力提出明确要求。2021年3月,《中华人民共和国国民经济和社会发展第十四个五年规划和2035年远景目标纲要》发布,其中102项重大工程中包含"建设国家和6个区域性危废风险防控技术中心、20个区域性特殊危废集中处置中心"的任务要求。2022年2月,国务院办公厅转发《关于加快推进城镇环境基础设施建设的指导意见》明确提出建设"1+6+20"中心。

6.4.2 规划部署

1. 区域性危废风险防控技术中心

区域风控中心主要为所在区域提供危险废物风险防控技术支撑,同时接受国家风控中心指导、承担国家风控中心分配的工作任务。

围绕国家关于京津冀协同发展、长江经济带发展、粤港澳大湾区建设、长三角一体化发展、黄河流域生态保护和高质量发展等区域协调发展战略,助力西部大开发、东北振兴、中部地区高质量发展、东部地区加快推进现代化,拟建设华东、华南、西北、西南、东北、华中6个各有特色、互为补充的区域风控中心,通过构筑区域性危险废物风险防控屏障,以更高水平生态环境保护支撑国家重大战略实施和区域高质量发展。华北区域不单独设置区域风控中心,由国家风控中心兼顾。

华东区域风控中心拟依托南京所建设,重点服务华东七省(江苏、浙江、上海、安徽、山东、福建、江西),重点开展化学品和区域内贵金属和有色金属冶炼、石化等重点行业危险废物风险防控能力建设等。

2. 区域性特殊危废集中处置中心

通过科学评估、合理布局、优化结构,针对环境和人体健康威胁极大、处置困难的危险废物,长三角地区打造多个集协同处置、技术研发、应急保障、管理培训、宣传教育等多功能于一体的区域处置中心,有效保障特殊类别危险废物处置能力,重点服务于长三角一体化发展。

根据危险废物利用处置现状,结合管理实践、调研、地方反馈等,特殊类别危险废物主要考虑因处置技术要求高或成本高等导致长期积存或跨省转移较多的、需要强化处置能力保障的危险废物。经分析研究,初步确定油泥油脚、飞灰、砷渣、铅锌冶炼渣、铬渣和含铬芒硝、大修渣、铝灰、含汞废物、含多氯联苯废物、废盐、废酸等11类特殊类别危险废物,纳入统筹布局考虑。

综合考虑重点区域特殊类别危险废物产生量和利用处置能力短板,以及相关省份建设意愿、区位和交通条件等,确定各区域处置中心拟依托建设的省份、处置中心类型、辐射的区域和省份等(正处于申报状态)。

区域处置中心优先选择社会责任感较强、技术水平成熟可靠、固体废物治理设施管理运营经验丰富的国资大型企业作为建设运营单位。项目建设以企业投资为主,中央和地方通过投资补助等政策予以支持。优先依托现有项目进行改扩建和提质改造,针对飞灰、废盐等危险废物确实存在明显短板的地区,可通过新建方式予以解决。

6.5 区域统筹、联防联治

6.5.1 建设背景

长三角一体化发展是新时代党中央、国务院确定的重大战略。2019年12月1日,中共中央、国务院印发了《长江三角洲区域一体化发展规划纲要》并成立推动长三角一体化发展领导小组,统筹指导和综合协调长三角一体化发展战略实施,研究审议重大规划、重大政策、重大项目和年度工作安排,协调解决重大问题,督促落实重大事项,全面做好长三角一体化发展各项工作。

一体化高质量发展与生态环境保护密不可分。推动环境协同治理,夯实长三角地区绿色发展基础,共同建设绿色美丽长三角,着力打造美丽中国建设的先行示范区是自上而下共同的目标。

2020年10月,推动长三角一体化发展领导小组办公室印发了《推进长江三角洲区域固体废物和危险废物联防联治实施方案》(以下简称《实施方案》)。该《实施方案》旨在推动区域固体废物和危险废物联防联治机制,推进区域内固体废物和危险废物管理信息互通共联,利用处置能力协作、互补与共享,环境风险协管共防,推动长三角区域建设成为全国固废危废联防联治的样本区、引领区、示范区。

6.5.2 进展情况

结合《实施方案》中的任务,对相关工作的落实完成情况进行梳理与评估分析,总结如下:

在组织实施方面,2021年5月,长三角三省一市人民政府共同签订了《长三角区域固体废物和危险废物联防联治合作协议》,明确了强化顶层设计、推动利用处置能力共享和优势互补、推动信息互通等六大项工作内容。2021年7月,以长三角区域生态环境保护协作小组办公室名义印发了《长江三角洲区域固废危废利用处置"白名单"和"黑名单"制定规则及运行机制(试行)》,明确了"白名单"和"黑名单"制订原则和监管要求。2021年10月,江苏省生态环境厅提请江苏省长三角办印发了《〈推进长江三角洲区域固体废物和危险废物联防联治实施方案〉江苏重点任务分工方案》,明确了江苏省各有关部门职责分工,推动形成工作合力。2022年7月,上海印发的《上海市强化危险废物监管和利用处置能力改革实施方案》明确建立危险废物环境风险区域联防联控机制。2022年11月,三省一市生态环境部门联合起草了《长三角区域固废危废联防联治工作联席会议制度》，针对长三角区域固废危废联防联治工作中存在的重难点问题及环保督察、审计、长江经济带生态环境警示片等反映的督察整改问题开展定期会商。2024年1月，首届长三角区域固废危废联防联治工作联席会议在上海青浦召开，就长三角区域危险废物跨省豁免利用、危险废物跨省转移补偿机制、危险废物二维码互认互通、"无废城市"一体化建设和太浦河流域新污染物筛查和风险评估方案等相关事项进行了交流和讨论。

在互联固体废物管理信息系统方面，上海、江苏、浙江、安徽均已完成自建固体废物管理信息系统的升级改造，实现了与国家固体废物管理信息系统互联互通。目前，三省一市依托国家固体废物管理信息系统，通过对危险废物跨省转移电子联单同步跟踪，实现危险废物产生、转移、利用、处置等数据信息的区域间共享。

在共享利用处置能力信息方面，上海危险废物和一般工业固废产生、利用处置单位已全部纳入上海市危险废物管理信息系统管理，详细掌握本市危险废物和一般工业固废产生、贮存、利用、处置情况，全市危险废物经营许可证信息和利用处置情况通过生态环境局官网等平台向社会公布。江苏已将5万余家危险废物产生单位和601家危险废物经营单位纳入江苏省危险废物全生命周期监控系统管理，利用处置单位及能力信息均在系统"公开信息"模块中面向社会公开，目前已覆盖一般工业固废。浙江上线运行浙江省固体废物监管信息系统，并与国家固体废物管理信息系统连通，联网监管危险废物产生和利用处置单位12.4万家、一般工业固废产生和利用处置单位20.7万家。安徽已建立危险废物产生和利用处置单位清单，初步建立一般工业固废产生和利用处置单位清单，上述清单全部纳入安徽省固体废物管理信息系统管理，清单内企业信息可在系统内进行查询。

在强化匹配能力评估与保障方面，截至2021年底，上海市危险废物利用处置能力总体平衡，但部分特征性危险废物如废铅蓄电池、废酸、废有机溶剂、重金属污泥、危险废物焚烧灰渣等因产业布局或产业高速转型发展等原因，处置能力不足，消纳途径有限。江苏全省以及各设区市利用处置能力已基本满足实际需求，生活垃圾焚烧飞灰、废盐等突出类别也均已满足需求，但铝灰渣等少数类别能力仍有缺口，医废处置能力结构亟待优化。浙江通过全域"无废城市"建设，实现了各市域范围内主要危险废物产生和处置能力基本匹配，此外，全省产废企业自行利用处置总能力已提升到365万t/a。安徽危险废物利用处置能力达到622万t/a，总体能够满足实际需求，部分类别如飞灰、废盐渣仍存在能力缺口，亟须转移至省外安全处置。2021—2023年,安徽、江苏、浙江先后印发或起草了《安徽省"十四五"危险废物工业固体废物污染环境防治规划》《江苏省强化危险废物监管和利用处置能力改革实施方案》和《浙江省工业固体废物污染环境防治规划(2022—2025年)》,强化省级统筹,补齐短板,布局重大项目。上海立足当前、兼顾长远,推进本市危险废物利用处置能力建设和长三角区域一体化合作,按照"市域内能力总体匹配、省市域间协同合作、特殊类别全国统筹"的原则,印发了《上海市"十四五"危险废物监管和利用处置能力建设规划》,推动形成"废处协调、能力匹配、区域协作"的利用处置体系。

在优化跨省转移管理方面,2021年11月,上海修订了《上海市环保条例》,新增"本市与长三角区域相关省市建立固体废物污染环境的联防联控机制,加强固体废物利用处置能力协作共享和环境风险协管共防";2022年1月,江苏印发了《江苏省强化危险废物监管和利用处置能力改革实施方案》,将长三角固废危废联防联治中有关能力建设、转移管理、联合执法、信息互通等内容纳入其中;2022年,浙江废止了《浙江省生态环境厅关于进一步加强工业固体废物环境管理的通知》,有效清除危险废物跨省转移障碍;2024年1月,安徽废止了《安徽省环保厅关于进一步加强危险废物环境监督管理的通知》,正式出台《安徽省规范危险废物环境管理 促进危险废物利用处置行业健康发展若干措施》,结合实际,对本省企业接收省外转入危险废物相关要求进行优化修订。长三角区域危险废物跨省转移已全部实行电子联单制度。截至目前,长三角区域内跨省贮存、处置危险废物的,三省一市接受地省级生态环境部门均能在10个工作日内完成跨省转移审批工作。

在跨省转移管理制度创新方面,为简化跨省转移审批流程,缩短审批时间,上海依托"一网通办"平台,设立"固体废物跨省市转移的许可"事项;江苏将省、市、县三级审查模式简化为省、县两级审查模式;安徽将跨省转移审批事项申请材料由7项精简至4项,实现网上申请、函复。同时,安徽、浙江于2022年先后发布危险废物跨省转移企业"白名单",大幅缩短行政审批时限。截至2022年底,安徽省"白名单"企业已经成功利用"白名单"方式接收省外危险废物转入38家次,累计7.2万t,涉及上海市、浙江省、江苏省、山东省、河南省等地区。此外,上海积极开展危险废物"点对点"跨省转移利用工作试点,目前已打通上海铝灰渣送往安徽"点对点"利用单位的途径,2021年跨省转移利用铝灰渣1 900余t。安徽省危险废物跨省转移"白名单"企业名单见表6.5-1、浙江省危险废物跨省转移"白名单"企业名单见表6.5-2。

表 6.5-1　安徽省危险废物跨省转移"白名单"企业名单

序号	企业名称	拟接受省外危险废物类别和代码
1	安徽省爱维斯环保科技有限公司	HW08 废矿物油与含矿物油废物(不包括 900-249-08)
2	安徽安普环保科技有限公司	
3	安徽国孚凤凰科技有限公司	
4	望江县大唐资源再生有限公司	
5	安徽华铂再生资源科技有限公司	HW31,900-052-31 废铅蓄电池
6	太和县大华能源科技有限公司	
7	安徽天畅金属材料有限公司	
8	安徽鲁控环保有限公司	
9	骆驼集团(安徽)再生资源有限公司	
10	太和县奥能金属材料有限公司	
11	安徽省华鑫铅业集团有限公司	
12	安徽元琛环保科技股份有限公司	HW50,772-007-50 废催化剂
13	安徽思凯瑞环保科技有限公司	
14	宣城市富旺金属材料有限公司	HW48,321-002-48 铜阳极泥
15	金隆铜业有限公司	

表 6.5-2　浙江省危险废物跨省转移"白名单"企业名单

序号	企业名称	指定危险废物类别代码	指定危险废物数量(t/a)
1	浙江瑞博宝珞杰新材料有限公司	900-037-46、251-016-50、251-018-50、251-019-50、261-152-50、261-156-50	7 000
2	浙江浙能催化剂技术有限公司	772-007-50	4 000
3	嘉兴德达资源循环利用有限公司	336-058-17、336-062-17、398-004-22、398-005-22、398-051-22	15 000
		336-054-17、336-055-17	400
		336-066-17	3 000
		336-064-17	5 600
		900-005-09、900-006-09、900-007-09	3 200
		900-249-08、900-041-49	1 000
4	绍兴绿嘉环保科技有限公司	261-057-34、313-001-34、900-300-34、900-349-34、900-304-34	6 000
		261-059-35、900-350-35、900-351-35、900-352-35	600
		336-058-17、336-062-17、336-064-17	11 000

续表

序号	企业名称	指定危险废物类别代码	指定危险废物数量(t/a)
5	浙江德创环保科技股份有限公司	772-007-50	2 500
6	绍兴凤登环保有限公司	HW02（除272-001-02、272-002-02、272-003-02外）、263-008-04、263-009-04、263-010-04、263-011-04、900-003-04、HW06（除900-401-06外）、HW08、HW09、HW13、398-007-34、900-349-34、HW35（除193-003-35、221-002-35、900-354-35、900-355-35外）、HW39、HW40、772-006-49、900-039-49、900-047-49、900-041-49、900-046-49等	14 000
7	绍兴金冶环保科技有限公司	336-052-17、336-054-17、336-055-17、336-056-17、336-057-17、336-058-17、336-059-17、336-064-17、336-066-17、336-062-17	4 000
		398-004-22、398-051-22、398-005-22	13 000
		321-019-48、321-027-48	4 000
		251-016-50、261-151-50、276-006-50、900-049-50、900-019-16、398-001-16	2 400
8	东阳市易源环保科技有限公司	HW08	10 000
		HW09	2 000
9	浙江美臣新材料科技有限公司	HW48	10 000
10	浙江红狮环保股份有限公司	HW17、HW18、772-006-49	40 000

在联合打击环境违法犯罪行为方面，2020年6月，三省一市生态环境部门共同签署了《协同推进长三角区域生态环境行政处罚裁量基准一体化工作备忘录》，推动长三角区域形成统一规范、公平公正的生态环境执法监督体系，实行统一标准的生态环境行政处罚裁量基准。2021年9月，安徽与江苏组织生态环境部门、公安机关召开协商会议，就开展联防联控、协同执法进行会商，并向江苏移送了涉危险废物环境违法案件线索。同时，上海落实长三角一体化发展工作要求，印发了《关于进一步加强沪苏沪浙跨界区域执法协作联动工作的通知》，重点关注跨界环境污染纠纷，完善省际毗邻区跨界执法工作机制。浙江牵头开展长三角一体化发展示范区执法统一工作，启动示范区生态环境执法互认机制探索，推动示范区生态环境执法检查授权互认，同时在示范区开展跨区域联合执法探索，目前已形成《长三角一体化生态环境跨界联合执法工作方案（征求意见稿）》。此外，上海根据《长三角地区企业环境行为评价标准（暂行）》《长三角区域环境生

态领域实施信用联合奖惩合作备忘录》等要求,开展企业生态环境信用评价,评价结果公开发布,并推送至"信用长三角"等平台,实行长三角区域联合惩戒。

在规范危险废物鉴别管理方面,按照《关于加强危险废物鉴别工作的通知》(环办固体函〔2021〕419号)的要求,上海印发了《关于加强上海市危险废物鉴别工作的通知》《危险废物鉴别注册管理工作制度(试行)》,江苏印发了《江苏省危险废物鉴别专家委员会章程(试行)》《江苏省危险废物鉴别异议评估规程(试行)》,浙江起草了《关于做好危险废物鉴别监督指导工作的通知》《浙江省危险废物鉴别异议评估规程(试行)》,安徽印发了《安徽省危险废物鉴别专家委员会工作章程》《安徽省危险废物鉴别异议评估规程》《安徽省危险废物鉴别专家委员会组建方案》。目前,三省一市均已成立危险废物鉴别专家委员会。此外,三省一市生态环境部门不定期调度鉴别注册单位业务开展情况,适时提供技术服务并纠正问题,确保鉴别结论科学准确,同时督促鉴别单位落实鉴别结果信息公开。

在跨区域转移处置生态补偿方面,2021年5月,三省一市人民政府将"探索建立以企业为主体的危险废物跨区域转移处置市场化补偿机制"纳入了《长三角区域固体废物和危险废物联防联治合作协议》。2020年、2022年,浙江率先在省内开展了固体废物跨区域转移处置生态补偿试点,杭州市余杭区、临平区分别与湖州市德清县政府签订协议,对余杭区、临平区产生污泥转移至德清县处置的,由两区财政按协商确定的标准和数量予以经济补偿,同时,将建立固体废物跨区域转移处置生态保护补偿机制纳入了新修订颁布的《浙江省固体废物污染环境防治条例》。2021年,江苏与安徽开展跨省转移处置生态补偿的探索,南京市分别与马鞍山市、滁州市就跨省转移处置生活垃圾签订协议,并按相应标准支付生态补偿费用。目前,长三角区域暂未开展危险废物、一般工业固废跨省转移处置生态补偿工作。

在强化公众参与方面,上海充分依托"上海环境"等官微平台,面向社会公众组织《中华人民共和国固体废物污染环境防治法》(2020修订)线上法律知识竞赛;结合线上和线下方式,开展《中华人民共和国固体废物污染环境防治法》(2020修订)专题培训,"云"培训覆盖范围累计达到10万人次;编制《固体废物污染环境防治法宣传手册》等,累计发放超过1万册;微信公众号和杂志刊登4篇涉危险废物违法典型案例,以案说法。安徽及时修订了《安徽省生态环境违法行为有奖举报办法》,将举报固体废物非法转移、倾倒、处置等列为重点奖励范围,同时加强对涉危险废物重大环境案件查处情况的宣传,制作并下发宣传录音、打击非法倾倒危废案例海报等。

6.5.3 思考与建议

1. 长三角地区三省一市在实施危险废物联防联治方面开展了大量卓有成效的工作,实践中发现仍存在一些问题尚未解决

1) 处置能力结构失衡

近年来,虽然长三角地区各省市逐步形成焚烧、填埋等传统技术与水泥窑协同处置、资源化等处置方式优势互补、错位发展的处置格局,但仍存在综合利用能力普遍过剩、难处理类别危险废物处置能力不足、新兴固废处置能力尚未形成等问题。

一是产废源头未统筹规划。产业发展规划对相关企业的危险废物等固体废物源头管控和设施配套重视不足,缺乏对源头减量、中间利用和末端处置三者梯次推进的统筹考虑,相关产业建成投运后对危险废物处置能力带来较大压力。目前,危险废物利用处置能力的预测与展望依托既有产业发展结构,随着战略性新兴产业和先导产业的发展,伴随产生的特征危险废物,需产业部门提前谋篇布局。此外,部分地区在源头项目审批时,注重短期经济效益,对一些涉及危险废物的项目未把好准入关,造成难处理、无法落实去向的危险废物产生量和处置能力间的失衡。

二是利用处置能力未兼顾。有机溶剂、活性炭等高热值、易处理类别危废处置能力总体富余,而废盐、实验室危废等风险大、难处理的危废处置能力不足。

三是新兴固废利用处置能力未布局。随着近年来新兴行业发展呈现爆发式增加,但由于新兴固废产生滞后于项目建设及运行期,新兴固废的产生量具有较强地隐蔽性,易被忽视。各省市当前新兴固废产生情况仍底数不清,与新兴产业相匹配的利用处置设施能力尚未完全形成。

2) 技术创新力度不够

一是危废利用处置成套技术研发不足。飞灰、废盐等利用处置新技术、新设备研发创新难,综合利用污染控制及再生利用产物属性判定等规范缺失,客观上导致危废利用处置陷入瓶颈。二是危险废物中新污染物的识别分析、转化归趋、风险评估和协同消减技术体系尚未建立,难以实现全生命周期的风险防控。三是危废处置新技术落地难。等离子体等先进技术研发和成果转化的政策扶持力度不够,行业环境管理要求不全,难以落地形成处置能力。

3) 制度创新仍面临现实障碍

目前,三省一市已开展了"白名单"、跨省转移利用"点对点"等多项创新制度的探索,但制度创新势必会突破现行法律法规,仍面临着不少现实障碍。如"白名单"运行机制与现行固体废物管理信息系统转移流程不匹配,按照"白名单"运行机制,毗邻省份企业如申请将特定种类的危险废物转入接收省"白名单"企业,转出省份不需征询接收省意见,但目前仍需在信息系统中完成"申请—复函—许可"全流程,生成计划编号后才能运行危险废物转移联单,滞后了"白名单"的运行效率。此外,"点对点"利用缺少上位法支撑,多在省内开展试点探索,在跨省"点对点"利用豁免许可证管理试点上,省级生态环境部门放不开手脚。

4)区域间风险责任转移与互惠共赢机制尚不明确

长三角区域内固废危废跨省转移需求多集中于上海等发达地区向安徽等欠发达地区转移,近三年,上海、江苏、浙江固废危废实际转入安徽的数量逐年递增,仅 2020—2021 年,安徽就接收上海宝钢转移的 80 余万 t 固体废物进入水泥窑协同处置。但跨省转移往往带来污染与监管责任的转移,影响了接收地生态环境安全和环境质量考核结果。加之,危险废物非法跨省转移倾倒的事件在安徽等欠发达地区仍有发生,额外增加了当地后期修复治理的经济负担。未获益的欠发达地区不想成为发达地区"垃圾场"的想法仍然存在,导致接收地政府部门对固废危废的跨省转入存在抵触心理。

2. 针对现存的问题,建议从下列方面进行完善

1)政策引领,推动危险废物利用处置行业结构优化

以"无废城市"建设工作为抓手,科学规划现代化危险废物环境基础保障能力建设。一是深入开展长三角地区危险废物和新兴固废的产生、利用处置能力和设施运行情况评估,规划布局区域危险废物和新兴固废利用处置设施能力建设,为实现"减污降碳"提供保障。二是细化开展危险废物跨省转移"白名单"、危废经营单位绩效评估、豁免管理与"点对点"定向利用等政策研究,总结凝练危险废物管理创新成果,为国家危险废物管理政策制定提供地方样本。三是按年度发布长三角地区危险废物利用处置行业白皮书,为区域内企业梳理国家、地方政策文件,分析行业现状及发展趋势,总结凝练危险废物利用处置新技术新方法,指导行业稳步健康发展。

2)联合攻关,开展难利用处置危险废物技术研发

以建设华东区域危废风险防控技术中心为契机,以创新危险废物利用处置技术为牵引,牵头组建危险废物利用处置技术高端智库。一是联合华东高校、科研院所和区域处置中心等单位,深入持续开展飞灰、废盐等难利用处置危险废物技术攻坚,先行先试构建区域统一的危险废物综合利用污染控制标准体系,促进综合利用产物有序流通。二是开展危险废物中特定新污染物检测方法研究,探索危险废物利用处置场景下新污染物转化归趋、协同消减及风险评价技术方法,

为国家建立新污染物风险防控名录提供支撑。三是以华东技术中心为依托,建立区域危险废物技术创新成果转化平台,促进技术设备成套化和成果产业化,培育危险废物利用处置龙头企业,形成危险废物利用处置工程示范基地。

3) 打破壁垒,推动区域危险废物联防共治

以促进危险废物有序流通为目标,探索创新危险废物分级分类管理与智慧化监管体系建设。一是优化危险废物集中收运机制,建设危险废物分级分类管理制度体系,简化管理流程,推动小微危险废物高效收集。二是基于数字化改革建立多跨协同、整体智治的危险废物全过程监管平台,推动省级危险废物管理信息系统接口标准统一,实现数据互通、功能共享、审批共认。三是建立区域协作、部门联动的环境污染案件办理机制,开展固废精准溯源识别、环境风险调查与综合治理等技术研究,为华东地区各类固体废物环境事件调查取证、应急处置提供技术与装备支撑。

4) 互惠共赢,建立市场主导的生态补偿机制

建议基于"受益者赔偿、受损者补偿"的原则,充分考虑市场因素,由接收地政府制定生态补偿标准与方法,生态补偿费用可根据地区间固废危废利用处置费用价差、接收地环境容量占用情况、利用处置方法、环境风险转移管控等因素决定,由利用处置单位代收后向政府支付。同时充分考虑跨省转移需求、环境容量、经济条件、富余能力、交通运输等因素,建议优先推动上海与安徽沿江地区开展固废危废跨区域转移利用处置生态补偿试点,实现互惠共赢,取得良好成效后逐步向长三角全域推广。

参考文献

[1] 生态环境部.生态环境部部长黄润秋在2024年全国生态环境保护工作会议上的工作报告[EB/OL].(2024-01-27).https://www.mee.gov.cn/ywdt/hjywnews/202401/t20240127_1064954.shtml.

[2] 生态环境部,发展改革委.关于印发《危险废物重大工程建设总体实施方案(2023—2025年)》的通知[EB/OL].[2024-05-28].https://www.gov.cn/zhengce/zhengceku/202305/con-tent_6857395.htm.

[3] 生态环境部.《新〈固废法〉相关危险废物环境管理政策解读》[EB/OL].(2020-09-17).https://www.mee.gov.cn/home/ztbd/2020/wfcsjssdgz/bczc/gnjy/202009/P020200917381834205735.pdf.

[4] 生态环境部.生态环境部固体废物与化学品司有关负责人就《国家危险废物名录(2021年版)》有关问题答记者问[EB/OL].(2020-11-27).https://www.mee.gov.cn/xxgk2018/xxgk/xxgk15/202011/t20201127_810305.html.

[5] 国务院办公厅.国务院办公厅关于印发强化危险废物监管和利用处置能力改革实施方案的通知[EB/OL].(2021-05-25).https://www.gov.cn/gongbao/content/2021/content_5616156.htm.

[6] 生态环境部办公厅.关于对2019年打击固体废物环境违法行为专项行动中发现的突出问题挂牌督办的通知[EB/OL].(2019-10-14).https://www.mee.gov.cn/xxgk2018/xxgk/xxgk05/201910/t20191017_737953.html.

[7] 生态环境部.全国危险废物环境管理工作会议暨危险废物专项整治三年行动推进会召开[EB/OL].(2020-09-11).https://www.mee.gov.cn/xxgk2018/xxgk/xxgk15/202009/t20200911_797974.html.

[8] 生态环境部办公厅,最高人民检察院办公厅,公安部办公厅.关于联合表扬2020年打击危险废物环境违法犯罪行为活动表现突出集体和个人的函[EB/OL].(2021-06-15).https://www.mee.gov.cn/xxgk2018/xxgk/xxgk06/20210-6/t20210615_838961.html.

[9] 生态环境部办公厅,最高人民检察院办公厅,公安部办公厅.关于联合表扬2021年打击危险废物环境违法犯罪和重点排污单位自动监测数据弄虚作假违法犯罪专项行动表现突出集体和个人的函[EB/OL].(2022-01-30).https://www.mee.gov.cn/

xxgk2018/xxgk/xxgk06/202201/t20220130_968671.html.

[10] 生态环境部办公厅,最高人民检察院办公厅,公安部办公厅.关于对2022年打击危险废物环境违法犯罪和重点排污单位自动监测数据弄虚作假违法犯罪专项行动表现突出集体和个人予以表扬的通报[EB/OL].(2023-05-08). https://www.mee.gov.cn/xxgk2018/xxgk/xxgk06/202305/t2023050-8_1029262.html.

[11] 上海市生态环境局.上海市生态环境局关于印发《上海市"十四五"危险废物监管和利用处置能力建设规划》的通知[EB/OL].(2021-12-21). https://sthj.sh.gov.cn/hbzhywpt2025/20211-221/cb101b734239404fb714b7f8b218b527.html.

[12] 江苏省生态环境厅.全文实录|危险废物全生命周期监控系统新闻发布会实录[EB/OL].(2021-11-12) https://sthjt.jiangsu.gov.cn/art/2021/11/12/art_89449_10133-119.html.

[13] 安徽省生态环境厅.解读|安徽省生态环境厅进一步完善安徽省危险废物跨省转移利用"白名单"机制[EB/OL].(2023-06-29). https://www.hbzhan.com/news/detail/163364.html.

[14] 安徽省生态环境厅固体废物与化学品处.安徽省"十四五"危险废物工业固体废物污染环境防治规划[EB/OL].(2021-11-09). https://sthjt.ah.gov.cn/public/21691/120-653021.html.

[15] 浙江省生态环境厅,浙江省发展和改革委员会.浙江省生态环境厅 浙江省发展和改革委员会关于印发《浙江省危险废物集中处置设施建设规划(2023—2030年)》的通知[EB/OL].(2023-12-20). http://sthjt.zj.gov.cn/art/2023/12/20/art_1229263041_5226533.html.

[16] 包健,王伟霞,周海云,等.江苏省化工园区危险废物统筹规划管理及应用[M].南京:河海大学出版社,2018.

[17] 李春萍,范黎明.水泥窑协同处置危险废物实用技术[M].北京:中国建材工业出版社,2019.

[18] 何品晶.固体废物处理与资源化技术[M].北京:高等教育出版社,2011.

[19] 王艳明,曹伟华.危险废物处理工程设计[M].北京:化学工业出版社,2021.

[20] 羊建波,常青,杨逸,等.危险废物处理技术现状及发展趋势[J].绿色矿冶,2023,39(4):66-71.

[21] 马斌斌,杨琥,王宇峰.城市生活垃圾焚烧飞灰资源化处置技术及产品概述[J].环境化学,2023,42(8):2669-2687.

[22] 刘威.城市生活垃圾焚烧飞灰资源化研究[D].常州:常州大学,2021.

[23] 董光辉,左武,赵润博,等.水泥窑协同处置生活垃圾焚烧飞灰过程中Pb和Zn的迁移转化特性[J].环境工程学报,2023,17(1):250-258.

[24] 黄志平,栗博,马增益,等.垃圾焚烧飞灰熔融制保温纤维试验研究[J].能源工程,2024,44(1):51-59.

[25] 张永春,林玉锁,孙勤芳,等.有害废物生态风险评价[M].北京:中国环境科学出版社,2002.

[26] 胡华龙,何艺,郑洋,等.危险废物环境风险评估与分类管控[M].北京:科学出版社,2024.

[27] 孙绍锋,胡华龙,郭瑞,等.我国危险废物鉴别体系分析[J].环境与可持续发展,2015,40(2):37-39.

[28] 郝永利,胡华龙,金晶,等.论我国危险废物分级管理的紧迫性[J].中国环保产业,2016(3):21-23+27.

[29] 汪帅马,刘永轩.浅析建立危险废物分级管理体系的必要性[J].江西化工,2016(5):128-130.

[30] 岳战林.我国危险废物分级管理体系与策略研究[J].能源环境保护,2015,29(3):61-64.

[31] 钱若晨,王先华,刘见,等.危险废物环境安全风险管控技术研究现状[J].工业安全与环保,2022,48(10):76-78.

[32] 李玉爽,霍慧敏,刘海兵,等.危险废物城市环境风险评估方法及案例研究[J].环境工程学报,2023,17(9):2993-3004.

[33] 黄启飞,王菲,黄泽春,等.危险废物环境风险防控关键问题与对策[J].环境科学研究,2018,31(5):789-795.

[34] 陈阳,何艺,郑洋.危险废物环境风险全过程防控管理现状及建议[J].环境与可持续发展,2017,42(6):30-33.

[35] 刘舒.危险废物全过程管理风险评估指标体系框架研究[C]//中国环境科学学会学术年会.2013.

[36] 凌江,温雪峰.危险废物污染防治现状及管理对策研究[J].环境保护,2015,43(24):43-46.

[37] 李琴,蔡木林,李敏,等.我国危险废物环境管理的法律法规和标准现状及建议[J]环境工程技术学报,2015,5(4):306-314.

[38] 靳晓勤,韦洪莲,郑洋."无废城市"建设试点中构建危险废物环境风险防控制度体系的难点分析与创新建议[C]//中国环境科学学会2020科学技术年会.中国环境科学学会,2020.